I0463372

Introducción a Lean
Principios para crear valor, eliminar despilfarros y transformar su empresa

José Miguel Vives Martínez

This book is for sale at
http://leanpub.com/introduccionalean

This version was published on 2012-12-02

This is a Leanpub book. Leanpub helps authors to self-publish in-progress ebooks. We call this idea Lean Publishing.

To learn more about Lean Publishing, go to http://leanpub.com/manifesto.

To learn more about Leanpub, go to http://leanpub.com.

ISBN 978-1-300-67919-6

A Mª José. Inspiradora y compañera. Gracias por todo

Contenido

Prefacio

Cuando terminé mi carrera de ingeniero, la industria afrontaba problemas tales como incapacidad de adaptarse con rapidez a la demanda, mantenimiento de grandes inventarios para dar cobertura a los pedidos, aumento de los tiempos de producción, incremento de costes, problemas de calidad y alta rotación de personal que además estaba totalmente desmotivado. Por aquel entonces se buscaban soluciones en los nuevos sistemas informáticos y en teorías tales como TOC de Goldratt[1], la reingeniería y la recién aprobada norma ISO.

Miles de empresas corrían despavoridas hacia estas teorías bajo la promesa de rápidas mejoras y mágicas soluciones. El tiempo ha demostrado lo falso de todas estas hipótesis. Posteriormente se nos dijo que la solución pasaba por una adecuada gestión de la cadena de suministro, pero también se ha demostrado la imposibilidad de que una cadena de suministro actúe de forma coordinada bajo las condiciones actuales.

---

[1] Theory of Constraints

Sin embargo, la solución a los problemas de las empresas ya llevaba más de 50 años descubierta, aunque en occidente aún no lo sabíamos.

El mundo aún se guiaba por los antiguos postulados de la producción en lotes y colas y dentro de ellos intentaba encontrar la solución. El problema era que el propio sistema de lotes y colas era problema. Era necesario salir de él y adoptar otro modelo mejor adaptado a las condiciones actuales de los mercados. Era necesario un cambio de paradigma.

Fue entonces cuando la industria del automóvil halló la solución: estaba en Japón y se llamaba Lean[2]. Fue Toyota la que encontró esta nueva forma de producir y de gestionar que demostraba su superioridad en todos los ámbitos respecto a las empresas del resto del mundo. Toyota utilizaba un sistema que era capaz de reducir los tiempos totales de producción un 90%, incrementar la productividad a lo largo de todo el sistema un 90%, aumentar la calidad en varios órdenes de magnitud, reducir el espacio necesario un 50%, el inventario un 90%, los defectos un 200-500% y bajar los costes a la mitad. Además conseguía reducir el tiempo de desarrollo de nuevos productos un 50% y como consecuencia de todo ello incrementaba su beneficio y su cuota de mercado. Y nadie era capaz de alcanzar esa enorme ventaja competitiva. ¿Qué

---

[2] También conocido como TPS -*Toyota Production System*

hacía Toyota para conseguir semejantes resultados? En este libro está la solución.

Te invito a dejar atrás todos los prejuicios y abrir tu mente. A afrontar las cosas desde un punto de vista científico, donde lo único importante es el resultado, no las teorías ni los prejuicios. Lean tiene la propiedad de que cuando lo conoces, ya nunca vuelves a ser el mismo. Personalmente, para mí fue como una revelación. Yo conocía todos los sistemas y formas posibles de mejorar y optimizar procesos, y he de confesar que ninguna de ellas consigue ni siquiera un 10% de lo que Lean puede conseguir.

Lo que te ofrezco en este libro no es ningún aliño de Lean, tan habitual hoy día, ni ninguna pseudo-adaptación del mismo o una visión personal. Lo que aquí te ofrezco es la esencia de la auténtica filosofía Lean, la desarrollada por Toyota, la de Ohno, la de Shingo. Nada de aditivos artificiales, sólo autenticidad.

Lean está aquí para quedarse. Y está para quedarse porque cuando se aplica funciona. Y funciona significa que te da una ventaja competitiva que tu competencia es incapaz de alcanzar.

Introducción

Objetivo

Para empezar, te diré que tienes ante ti un libro introductorio al mundo Lean. Si no conoces nada, o si has escuchado hablar algo pero no tienes muy claro en qué consiste, tengo buenas noticias: este libro lo he escrito para ti.

Y como todo libro introductorio, el objetivo es acompañarte desde tu estado actual de poco conocimiento sobre estos métodos, hasta un nivel que te permita volar por ti mismo.

En mi caso, aunque estudié ingeniería, en realidad no tenía ni idea del mundo Lean, salvo por un par de problemas vistos en la carrera. Eso era todo. Conocía bien los métodos cuantitativos, los problemas de asignación, los problemas de rutas, las heurísticas, las metaheurísticas, la gestión de inventarios, la estadística, los problemas de inferencia, el diseño de experimentos, la gestión de la cadena de suministro, la optimización de la producción, el diseño de sistemas productivos, el control de calidad, etc. En definitiva, era bueno en el tratamiento "tradicional" de la optimización de una organización cualquiera, especialmente la industrial.

Pero no conseguía ver más allá de mis propios ojos. Seguía viendo el mundo con las gafas que me habían puesto en la escuela. Sabía que si aplicaba todo este conocimiento era posible que una empresa mejorase algo sus resultados, al menos localmente. Pero eran resultados parciales y limitados, cada vez más, y no conseguía saber el por qué. Al final y casi sin querer, todo acababa convirtiéndose en un constante apagafuegos, con prisas y urgencias llenando cada día.

Pensaba que "así eran las cosas". Hasta que la venda cayó. Me ocurrió mientras escribía mi tesina sobre la gestión de cadena de suministro. Yo estaba resumiendo los problemas que esta afrontaba (y sigue haciéndolo) cuando vi una presentación de un compañero sobre métodos ágiles en la gestión de proyectos de software. Estaba interesante. Al final recomendaba un libro que se llamaba "La máquina que cambió el mundo". Por suerte estaba en la biblioteca de mi escuela. Lo cogí y lo leí. Fue como si de repente hubiese despertado de Matrix. En este libro se hablaba de mejoras en productividad del 90% a lo largo de todo el sistema productivo, de mejora de la calidad de varios órdenes de magnitud, de reducción de espacio necesario en un 50%, de reducción de inventarios de un 90%, de liberación continua de recursos. Y todo ello reduciendo además los costes totales, incrementando el beneficio y la cuota de mercado. No podía creer que algo así fuera cierto.

Como estaba un poco atónito, fui a hablar con mi catedrático sobre esto. Le pregunté si lo que había leído era verdad o si era una especie de exageración, que a veces haylas: *"Todo cierto"*, me dijo. Y estuvimos charlando unas dos horas. Desde entonces quedamos todos los viernes y, además de una agradabilísima conversación, yo me nutría de su biblioteca Lean, la cual iba devorando. Un nuevo mundo se abrió ante mí y yo ya nunca volvería a ser el mismo. Y quiero invitarte a que hagas lo mismo y haciendo una analogía con Matrix, te animo a que hagas ahora la elección: *pastilla azul* o *pastilla roja*.

Pastilla azul significa que todo seguirá igual, mañana volverás al trabajo y volverás a tener los mismos problemas, las mismas prisas, los mismos fuegos por apagar, las mismas quejas y los mismos resultados. Tú creerás lo que quieras creer y todo seguirá igual.

Pastilla roja significa abrir los ojos, ver los resultados de los experimentos, creer que podemos encontrar soluciones a nuestros problemas, pasar a un nuevo nivel de conocimiento, cambiar el paradigma y ver el mundo tal y como es, estar dispuesto a adoptar nuevas formas de pensar y de hacer, creer que un nuevo mundo es posible. Todo depende de ti.

Cómo utilizar este libro

El libro está escrito en forma de recorrido gradual por los distintos conceptos. Por ello, si tu conocimiento de Lean es reducido te recomiendo que lo leas en el orden que ha sido escrito. Creo que te resultará más beneficioso. Si ya tienes nociones más avanzadas de Lean, puedes saltar a la sección que más te interese. Utiliza el índice para ello. Lo he construido pensando en ese objetivo. En cualquier momento puedes usar el índice como guía completa del contenido del libro, de forma que puedas encontrar todo de un solo vistazo.

Truco oculto Nº1: No dudes en releer el libro las veces que lo creas conveniente. Quizás no lo creas pero a medida que lo vuelvas a leer encontrarás que había muchas cosas que se te habían pasado por alto. Utilízalo como libro de consulta y vuelve a él cada vez que lo consideres necesario.

Truco oculto Nº2: De nada sirve leer y aprender si no se pone en práctica. Por eso te animo a que te pongas manos a la obra lo antes posible y apliques los conocimientos adquiridos en este libro en tu día a día. No hay mejor juez que la realidad para decidir si algo es bueno o no, si funciona o si es un *bluff*. Por eso te invito a que pongas en práctica los consejos aquí dados y luego vuelvas al libro. Seguro que se habrán abierto ante ti muchas nuevas vías a explorar.

Como el carácter de este libro es introductorio, al final del libro te he incluido una bibliografía para que continúes tu aprendizaje Lean por buen camino.

Para quién es

Si estás buscando un cambio, una nueva forma de enfocar la gestión de empresas y la producción, un sistema coherente y científico que haya demostrado su fortaleza mediante sus resultados, si, en definitiva, estás buscando soluciones a problemas que parecen resistirse a todo tipo de intentos, entonces este libro es para ti. Muchas veces vemos a nuestra competencia despegar y nos vemos incapaces de seguirles la pista. Este libro abre ante tí la metodología que te permitirá desarrollar ventajas competitivas que tu competencia no podrá copiar, por mucho que se empeñe.

Si eres gerente, directivo de cualquier nivel, ingeniero, o si simplemente te gusta la producción y la gestión de empresas y estás buscando ampliar conocimientos y conocer nuevos campos, en este libro encontrarás explicada desde el principio la metodología Lean.

Allá donde haya un servicio o producto y un cliente, Lean es aplicable. Simple. O dicho de otra forma, allá donde haya un proceso que de cómo resultado un producto o un servicio que un cliente quiere, podemos aplicar los principios Lean.

Sobre la terminología

En el presente libro utilizaremos a veces palabras en inglés y en japonés. Pero no te preocupes, son muy sencillas de recordar y además siempre serán explicadas cuando se mencionen. El motivo de introducir palabras en estos dos idiomas es sencillo: han pasado a formar parte del vocabulario habitual del mundo Lean y su internalización y uso nos enriquecerán mucho.

Pero ¿por qué no se han traducido al español? Bueno, la respuesta es que dichas palabras o expresiones han trascendido los idiomas y se usan indistintamente en cualquier parte del mundo. Esto tiene la enorme ventaja de que allá donde vayamos del mundo podremos comunicarnos fácilmente en temas de Lean ya que los términos son los mismos.

Además, cuando leamos algún libro o artículo, asistamos a una conferencia o veamos un video a través de internet, podremos entender todo a la primera, sin necesidad de ir traduciendo todo.

El origen de esta integración de expresiones japonesas o anglosajonas tienen su origen en el idioma nipón. La mayor parte de las veces no existe una traducción directa, palabra a palabra, desde el japonés al inglés o el español. Necesitaríamos una frase o incluso un párrafo para describir el sentido exacto del término (cosas del japonés). De esta forma, una vez asignada una nueva palabra a un nuevo concepto, aunque sea una palabra de origen extranjero, nos facilita la vida enormemente.

Estoy seguro además, que a medida que vayas utilizando e interiorizando estos términos, los llegarás a preferir sobre un posible sustituto en nuestro idioma.

Disfrutemos pues de las nuevas expresiones.

Capítulo 1. Historia

Orígenes y desarrollo

Muchos hablan sobre Lean pero muy pocos conocen realmente por qué está aquí y cómo ha llegado hasta nosotros. Y de eso justamente es de lo que vamos a hablar en este capítulo, y lo vamos a hacer en forma de pequeña historia. Para mí este punto es fundamental y quizás el más importante de todo el libro, porque saber por qué estamos como estamos, y por qué estamos donde estamos, abrirá tu mente como ninguna otra cosa y comprenderás por qué Lean no es una teoría más. Lean está aquí para quedarse, y está para quedarse por una serie de razones que sólo pueden ser comprendidas conociendo la historia de su desarrollo. Y de eso es de lo que vamos a hablar en este capítulo.

Comencemos haciendo un pequeño viaje en el tiempo cien años atrás *(tranquilo, será un viaje corto y entretenido)*.

"Conocer por qué estamos donde estamos, y por qué estamos cómo estamos, abrirá tu mente como ninguna otra cosa"

En el año 1.908 todos los productos eran producidos bajo los principios de lo que se dio en llamar la producción artesana. Este tipo de producción se distinguía principalmente por tener trabajadores muy cualificados, herramientas sencillas y flexibles que permitían su adaptación a varios tipos de trabajos, y una total personalización de los productos los cuales eran hechos a medida. Es decir, era una misma persona la encargada de llevar a cabo todo el proceso de producción, desde el principio hasta el final: la típica herrería, por ejemplo, de aquellos tiempos es la que está representada en el cuadro de Velázquez *"La Fragua de Vulcano"*.

Este sistema tenía ventajas, por supuesto, como el hecho de poder disponer justamente del producto que necesitábamos y no uno estándar, pero también tenía inconvenientes. El más importante sin duda era el coste que suponía y que hacía que el precio fuese bastante alto en general, lo que dejaba a una gran parte de la población sin la posibilidad de acceder a estos productos (recordemos que en aquella época el dinero era más bien escaso).

Mientras esto sucedía, Henry Ford se disponía a cambiar el mundo desde una pequeña planta en Detroit. El primer Ford T salía de la línea de producción en ese mismo año 1.908, y con él, Ford había puesto en marcha un nuevo sistema mucho más eficiente que el conocido hasta entonces, y al que se le denominó *producción en masa* (completada un poco después por Alfred Sloan en General Motors). Este sistema revolucionó la producción y la gestión de empresas en todos los ámbitos y más tarde sería uno de los principales componentes del éxito norteamericano a lo largo del siglo XX. Este tipo de producción estaba basada en una alta intercambiabilidad de las piezas, en la facilidad de montaje, en la altísima especialización de los operarios, en la separación de los que piensan de los que hacen (*"Ud. no está aquí para pensar"* ¿te suena?), en las grandes máquinas, caras y unipropósito, en el "ordeno y controlo" (*command & control*) y en el trato poco adecuado a los trabajadores. Esto permitió reducir los costes de fabricar un automóvil y por consiguiente, su precio final. Fue toda una revolución.

Características de la Producción en masa
Alta intercambiabilidad de las piezas
Facilidad de montaje
Altísima especialización
Separación "piensan vs hacen"
Grandes máquinas, caras y unipropósito
Command & control
Condiciones laborales deficientes
División en departamentos funcionales
Calidad separada de la producción
Contabilidad de costes
Métodos cuantitativos

Pero este sistema presentaba graves problemas. Ford lo desarrolló con unas condiciones muy particulares en los mercados. Para que fuese viable se necesitaban producir grandes cantidades de un único producto y además sin altos requisitos de calidad. Además estaba el tema de la mano de obra. Las plantas de Ford empleaban a los denominados "trabajadores invitados", esto es, inmigrantes temporales que lo único que buscaban era un sueldo mínimo, y para ello aceptaban condiciones laborales y humanas bastante penosas. Eran trabajos muy aburridos (como apretar la misma tuerca durante ocho horas) y sin posibilidad de futuro ni de desarrollo personal o profesional.

Tristemente, una de las principales características de este modelo, como ya veíamos, es el llamado *command&control*, un sistema donde el trabajador sólo obedece mientras directivos e ingenieros ordenan y controlan, sin tener para nada en cuenta la opinión de aquellos que realmente están construyendo el producto. Se atribuye a Ford la frase: *"Para qué tengo que aceptar un cerebro no pedido cada vez que contrato un par de manos"*.

Se pretendía controlar la compañía a control remoto, desde una sala aislada y apartada de la planta, simplemente mirando números en un informe y tomando decisiones en base a estos. En este sistema los trabajadores eran tratados como maquinaria, exprimidos hasta el máximo y cuando estaban quemados, eran sustituidos por otros nuevos. La única forma de ascender en la jerarquía era demostrar la capacidad de pasar por encima de los compañeros en pro de una falsa ventaja para la empresa. Mientras más duro se fuese, más posibilidades de ascender. Por desgracia, este ineficiente modelo sigue enseñándose hoy día y sigue en pleno uso en muchas empresas.

A principios del siglo XX los mercados cumplían las condiciones necesarias para que la producción en masa fuera mínimamente viable: eran grandes y poco exigentes (casi nadie tenía coche, así que si podías acceder a uno, no ponías demasiadas pegas sobre su calidad). Pero, como decimos, esta forma de hacer las cosas ocultaba importantes inconvenientes. Entre ellos:

- excesivo despilfarro
- gran rigidez
- imposibilidad de personalización de productos
- inviabilidad de aumento de la calidad por encima de un umbral determinado debido al aumento exponencial de los costes para conseguirlo
- grandes necesidades de espacio, de recursos y de inventarios, y
- trabajos enormemente aburridos y desalentadores.

Pero en aquel entonces, nada de esto era problema: los mercados lo absorbían todo. Pronto eso cambiaría.

En los años setenta se produjeron tres sucesos que sacaron a relucir los graves problemas de este sistema.

Primer suceso: la crisis del petróleo de 1973

Recordemos que la Organización de Países Árabes Exportadores de Petróleo, decidió dejar de exportar petróleo a los países que habían apoyado a Israel en la guerra del Yom Kippur, entre los que se hallaban Estados Unidos y Europa Occidental. Esto disparó el precio del crudo (llegando incluso a cuadruplicarse) con el consiguiente aumento de los costes en los países fuertemente dependientes del petróleo, provocando un fuerte efecto inflacionista y una recesión económica que puso en serio riesgo a todo el sistema. Semejante escenario hizo saltar las alarmas de los principales fabricantes de automóviles, y en general todos aquellos que requerían petróleo como materia prima.

Segundo suceso: mejores condiciones

Los trabajadores de las plantas de ensamblaje de vehículos comenzaron a darse cuenta de que a lo mejor aquel trabajo que comenzó siendo temporal, podía convertirse en un trabajo para toda la vida, gracias a la evolución positiva de las ventas. De esta forma comenzaron a exigir unas condiciones mínimas en sus empleos, cosa que chocaba de frente con los requisitos impuestos por el sistema de producción en masa. Decenas de miles de trabajadores comenzaron a presionar a la dirección de las empresas para que mejorara el salario y las condiciones laborales de la mano de obra. Desgraciadamente, el sistema de producción en masa no podía ofrecer soluciones a este problema.

Tercer suceso: el cambio en los mercados

Y el tercero, y quizás el más importante, fue el cambio en el entorno. Quiero detenerme un instante en este punto. Él es la razón principal de que Lean esté con nosotros. Grábatelo a fuego porque es la semilla de todo, y nunca me cansaré de insistir de su enorme importancia. Fue justamente este hecho el que abrió los ojos a occidente y puso de manifiesto que la necesidad de cambio era irrenunciable. Considera por tanto este pequeño apartado como la clave de todo el libro.

Los mercados cambiaron de forma radical: se pasó de tener mercados que demandaban grandes cantidades de un solo producto, a mercados que exigían pequeñas cantidades de una gran variedad debido a la necesidad de personalización: algunos querían aire acondicionado en el coche, otros lo querían en color azul, otros con tapicería de cuero, otros con 4 puertas, otros con un motor más potente, etc., y nuevamente, la producción en masa no podía ofrecer soluciones a esta demanda. Recordemos la famosa frase de Henry Ford:

"Cualquier americano puede tener el coche del color que quiera, siempre que ese color sea el negro"

H. Ford

El hecho de tener que ajustar la línea para un nuevo color suponía unos costes inasumibles y por eso sólo se producían en negro. Los mercados también pasaron de ser poco exigentes con la calidad a ser altamente exigentes. De aceptar como bueno casi cualquier precio, a requerir precios más bajos. De resignarse a plazos de entrega muy largos, a presionar por plazos más cortos. Y esto no solo pasaba con el automóvil, sino con cualquier otro producto.

Los cambios en los mercados provocaron la necesidad de cambiar de modelo de producción

En aquellos años, estos sucesos pusieron contra las cuerdas al sistema de producción en masa, que era incapaz de adaptarse a estas nuevas condiciones, ya que estaba basado en principios que no podían ofrecer ninguna solución a la nueva situación. Era necesario cambiar a otro sistema que sí pudiera funcionar en el nuevo entorno, que pudiera producir pocas cantidades de muchas referencias distintas de forma beneficiosa, que ofreciera altos estándares de calidad a la vez que disminuían los costes de producción. Resolver esto se convirtió en una prioridad absoluta.

La hora de los japoneses. El pensamiento Lean.

En 1950, Toyota era una pequeña empresa japonesa fabricante de automóviles y camiones, que fue fundada unos años atrás gracias a los beneficios obtenidos por Sakichi Toyoda, padre de Kiichiro Toyoda fundador de la compañía, por la venta de la patente de un telar automático desarrollado por él. Dicho telar tenía la propiedad de detenerse de forma inmediata y automática, sin intervención de la persona, cuando algún hilo se rompía, impidiendo que se produjesen piezas defectuosas.

En aquellos años Toyota había tenido que afrontar una fuerte crisis y se había visto obligada por sus acreedores a despedir a gran parte de los empleados debido a las deudas acumuladas por los excesivos costes que necesitaba el sistema de producción que en aquel tiempo utilizaban. La dirección de la empresa, abatida por esta situación, decidió que esto no debería volver a repetirse nunca y comenzó a investigar qué había pasado y qué se debería hacer para que aquello no volviera a tener lugar. Como consecuencia del despido masivo de trabajadores, Kiichiro asumió la responsabilidad y dejó también la dirección de la compañía.

En aquellos años, Japón trataba de superar la situación de posguerra (recién había terminado la II Guerra Mundial, donde resultó devastado) y buscaba formas de salir adelante. En las empresas automovilísticas era habitual hacer peregrinaciones a las plantas norteamericanas para aprender los métodos de producción en masa que triunfaban por todo el mundo. Toyota no fue distinta y después de visitar varias de estas plantas comprendieron que aquel sistema no funcionaría en Japón, ya que su entorno y su mercado eran completamente distintos del norteamericano.

La situación del mercado japonés era la siguiente: necesitaban pocas cantidades de una gran variedad de productos, había una gran exigencia en calidad, poco espacio disponible, recursos económicos muy escasos y los trabajadores exigían unas condiciones mínimas de trabajo. Al descubrir estas limitaciones en el sistema americano, Toyota comprendió la necesidad de desarrollar un nuevo sistema.

Con Taiichi Ohno a la cabeza, Toyota comenzó un duro camino de prueba y error que le llevó al desarrollo de un sistema justo a tiempo y con foco en la eliminación constante de cualquier tipo de despilfarro. Este nuevo sistema era capaz de cumplir con los requisitos que imponían las nuevas condiciones de los mercados y de proporcionar a la empresa beneficios sostenibles en el tiempo. Es justo decir que Toyota, así como muchas otras empresas japonesas, aprendieron mucho del programa que Estados Unidos puso en marcha para reactivar la productividad del país. Uno de los principales responsables de este programa fue Edward Deming. Sus valiosísimas enseñanzas pueden aún ser distinguidas en el sistema de Toyota.

Mediante la prueba y error y de depurar las soluciones una y otra vez, Ohno consiguió construir un sistema *pull* (demanda "tirada" por el cliente, no empujada por el fabricante) altísimamente eficiente. Así, a principios de los años sesenta, y después de mucho sufrimiento y trabajo, Toyota ya tenía su sistema en funcionamiento y puesto a punto. Un sistema que conseguía batir en todos y cada uno de los indicadores al sistema de producción en masa.

Curiosamente, Toyota no le puso ningún nombre a esta nueva forma de hacer las cosas. Para ellos era simplemente su forma de producir. Fue en occidente donde decidimos bautizarlo como "Producción Lean".

Este hecho suscitó una gran atención en empresas de todo el mundo, y ahora eran ellas las que comenzaban a peregrinar hasta la planta que Toyota tenía en Takaoka, con el objetivo de comprender el nuevo sistema y con la esperanza de encontrar la solución a sus problemas. Pero el camino no sería fácil. Era necesario hacer algunos cambios más allá de simplemente adoptar nuevas herramientas.

"Taiichi Ohno había revolucionado el mundo de la industria para siempre. Si bien Ford consiguió reducir por nueve el esfuerzo necesario para montar un vehículo, el nuevo sistema de Ohno representaba una revolución aún más importante, pues suponía un avance en muchas otras áreas"

- Jim Womack

Igual que le pasó a la producción artesana a principios del siglo XX, hoy la producción en masa ha quedado totalmente obsoleta. Hemos comprobado que no puede responder de forma eficiente a las nuevas condiciones de los mercados y por eso necesita ser sustituida. Hoy, cualquier empresa que opere bajo los principios Lean, a medio plazo saca del mercado a aquellas que no lo hagan. Así de simple. Seguir produciendo con los viejos principios sólo garantiza la desaparición de tu empresa.

NUMMI: la prueba del éxito

En los años ochenta y en plena revolución por comprender la metodología Lean, algunos directivos de compañías americanas y europeas atribuían el espectacular éxito de Toyota a "cosas de japoneses". Y así, sin profundizar más, quedaba zanjado el asunto. ¿Tendrían razón? Lo vemos a continuación.

En 1984 se puso en marcha NUMMI. NUMMI era una joint venture entre Toyota y General Motors (GM). Era la primera planta que Toyota tendría fuera de Japón ya que hasta entonces sólo vendía y producía en sus cercanías. Para ello se utilizó una vieja planta en Fremont, California, propiedad de GM y cerrada un par de años atrás. Era la oportunidad de comprobar si en realidad era "cosa de japoneses" o si ciertamente era un sistema superior que podía ser replicado fuera de las fronteras del país nipón, con empleados de otros países, y bajo leyes distintas a las japonesas.

La siguiente tabla refleja los números que tenían antes de comenzar con NUMMI tanto la planta de GM en Framingham (EE.UU.), como la de Toyota en Takaoka (Japón), las cuales nos servirán de referencia para la comparación.

	Framingham (GM)	Takaoka (TOYOTA)	NUMMI
Horas montaje/coche	31	16	
Defectos/100 coches	130	45	
Espacio/coche	8,1	4,8	
Existencias	2 semanas	2 horas	
Tiempo Cambio Setup	3-6 meses	5-15 días	
Absentismo	25%	<3%	

¿Sería capaz NUMMI de igualar los números de Toyota en Japón o estaría más cerca de GM? La siguiente tabla nos da la respuesta.

	Framingham (GM)	Takaoka (TOYOTA)	NUMMI
Horas montaje/coche	31	16	19
Defectos/100 coches	130	45	45
Espacio/coche	8,1	4,8	7,0
Existencias	2 semanas	2 horas	2 días
Tiempo Cambio Setup	3-6 meses	5-15 días	-
Absentismo	25%	<3%	-

¡Ahí está! NUMMI consiguió replicar en un país extranjero, con personal de ese mismo país y bajo sus propias normas el éxito logrado en Japón. Ya no quedaba duda: no era cosa de japoneses. Se trataba de un sistema de producción claramente mejor. NUMMI se convirtió en la prueba de que la producción Lean podía ser adoptada por cualquiera y podía dar los mismos resultados que los japoneses obtenían en Japón. La solución a los terribles problemas que afrontaba la industria en los años ochenta había sido descubierta y puesta a nuestro alcance. ¡Aprovechemos la oportunidad!

Algunos datos

Quizás te estés preguntando: ¿puedo ver datos de empresas que hayan adoptado Lean y así ver cómo les ha ido? Por supuesto. A continuación tienes algunas tablas en las que se muestran diversos aspectos de la gestión de una empresa y sus resultados antes, y después de la adopción de la metodología Lean. Ver otras experiencias y sus resultados es una poderosa arma de convicción que espero que te resulte de utilidad.

Caso ensambladores de vehículos y fabricantes de componentes

Comenzamos viendo una comparativa sectorial. La siguiente tabla nos muestra una comparativa entre fabricantes, ensambladores y fabricantes de componentes, tanto de EE.UU., Europa y Japón, y todas ellas son comparadas con Toyota. Algunos números están referidos en porcentajes y otros en valores con unidades concretas. De un sólo vistazo podemos ver la supremacía de Toyota en todos y cada uno de los indicadores.

	Toyota (Japón)	Japón (Promedio)	EE.UU. (Promedio)	Europa (Promedio)
Productividad Toyota=100				
Ensamblaje	100	83	65	54
Proveedores de primer nivel	100	85	71	62
Calidad (defectos en productos Entregados)				
Ensamblaje (cada 100 coches)	30	55	61	61
Proveedores 1º Nivel(ppm)	5	193	263	1.373
Proveedores 2º Nivel(ppm)	400	900	6.100	4.723
Entregas (% retrasos)				
Proveedores 1º Nivel	0,04	0,2	0,6	1,9
Proveedores 2º Nivel	0,5	2,6	13,4	5,4
Existencias (proveedores 1º nivel)				
Horas	Sin datos	37	135	138
Rotación Stock/año	248	81	69	45

Caso Porsche

Cuando Porsche tuvo que afrontar su conversión Lean, era una empresa fuertemente departamentada y profundamente jerarquizada. Estaba sobredimensionada en el número de proveedores (950) además de mantener con ellos relaciones reactivas y dependientes. Aunque los empleados tenían una preparación técnica suprema y un gran conocimiento de las operaciones, su conocimiento de los procesos era muy deficiente. Era una empresa muy enfocada en la producción artesana de vehículos, pero como les pasa a muchas, habían confundido artesano con eficiente. La mayor parte de sus actividades eran despilfarros.

Porsche afrontaba una dura época con las ventas en descenso y presión por precio más bajos. Sin embargo no encontraba la forma de reducir los costes lo suficiente y eso se la estaba llevando por delante, al igual que sucedía a otras empresas del sector.

Porsche decidió llevar a cabo la conversión Lean para salvar la empresa. En palabras de Wiedeking, la persona contratada para llevar a cabo la conversión [citado en Lean Thinking]: *"Nos dábamos cuenta de que estábamos muy, muy retrasados y teníamos una idea general del por qué, pero carecíamos de las técnicas para abordar los problemas de nuestra productividad y calidad a la primera, y no teníamos prioridades. Cuando uno se encuentra retrasado en todos los factores de competitividad, ¿cómo y por dónde se comienza?"*

Porsche fue la única marca de vehículos de lujo que decidió seguir el camino Lean en los años noventa. El tiempo demostró el enorme acierto ya que todas las demás sin excepción tuvieron que ser vendidas o cerradas. Sin embargo Porsche resurgió en un mercado a la baja y salió más fortalecida tras su conversión Lean. La tabla siguiente muestra los datos claramente. Es de destacar que la caída de los beneficios en el año 1993 fue la prueba de fuego para decidir seguir adelante con la conversión. En aquel año los datos de ventas se desplomaron, sin embargo Porsche decidió seguir su camino y resurgió de sus propias cenizas gracias a la metodología Lean.

	1991	1993	1995	1997
Tiempo				
Desde concepción al lanzamiento	7 años	-	-	3 años
De soldadura a coche acabado	6 sem	-	5 días	3 días
Existencias (días)	17,0	4,2	4,2	3,2
Esfuerzo (horas montaje)	120	95	76	45
Errores				
Piezas suministradas (piezas/millón)	10.000	4.000	1.000	100
Al final de línea (defectos/vehículo)	100	60	45	25
Ventas (Mill Marcos Alem.)	3.102	1.913	2.607	-
Beneficios (Mill Marcos Alem.)	+17	-239	+2	

Caso Pratt & Whitney

En los años noventa Pratt&Whitney era el principal constructor de motores para aviación militar. Sin embargo se enfrentaba a una situación crítica por el descenso de los pedidos en esta área y un aumento drástico en los pedidos de motores para aviación civil. Mark Coran, vicepresidente ejecutivo de operaciones se dio cuenta que lo que necesitaba era un cambio radical. En sus palabras "Necesitábamos replantear la totalidad del negocio". La tabla siguiente muestra los resultados en la línea de rectificado de palas, donde se sustituyó la carísima maquinaria de reciente adquisición por una más flexible y barata. El coste de la transición Lean se financió simplemente vendiendo como chatarra la maquinaria eliminada. Además de los datos recogidos en la tabla, Pratt consiguió reducir el recorrido de las piezas dentro de la planta de 30 kilómetros a 15, y liberó 260.000 metros cuadrados en producción del millón disponible.

	Rectificadora Blohm automatizada	Producción Célula Chaku-Chaku
Espacio (m2)	6.430	2.480
Recorrido pieza (m)	2.500	80
Existencias	1.640	15
Tamaño lote	250	1
Tiempo Total Producción	10 días	75 minutos
Impacto ambiental	Ácidos+Rayos X	Nada
Tiempo inactividad por setup	480 minutos	1,6 minutos
Coste rectificado/pala	X	0,49X
Coste utillaje/nueva pala	X	0,3X

Caso Wiremold

Sin lugar a dudas, el caso de Wiremold es de los más ejemplificantes en cuanto a conversión Lean.

Wiremold era una empresa que producía sistemas de gestión de cables. En definitiva un producto de baja tecnología con maquinaria de baja tecnología, con mano de obra muy poco cualificada y altamente sindicada. A principio de los noventa, Wiremold afrontaba una fuerte crisis y se vio obligada a buscar una solución a sus males. Fue entonces cuando llegó a la empresa Art Byrne.

Byrne venía de General Electric donde había tenido experiencias en la implantación de Lean, pero donde no había podido extenderlo más allá de la aplicación de unas pocas herramientas debido a la mentalidad imperante en GE de cumplir con los números. Unos años después, Byrne recayó en grupo Danaher donde Geoge Koegnisaecker era vicepresidente de ventas y marketing y también un ferviente defensor de las metodologías Lean.

Mientras ambos luchaban con la transición Lean en Danaher, supieron que Masaaki Imai organizaba un seminario sobre Lean y decidieron apuntarse. La suerte quiso que ese seminario tuviera tambien como profesores a Yoshiki Iwata y Chihiro Nakao, dos de los principales discípulos de Ohno[3]. Byrne y Koegnisaecker quedaron tan asombrados que decidieron contratar a Iwata y Nakao, y a su famosa consultora Shingijutsu. Debido al carácter de los japoneses, no fue fácil convencerlos y fue gracias a la

---

[3] Ohno es el padre de la filosofía Lean

persistencia de Byrne y Koegnisaecker que lo consiguieron. El siguiente extracto de Lean Thinking expresa perfectamente este aspecto.

A principio de 1988 Koegnisaecker se enteró que se iba a celebrar un seminario de una semana y un ejercicio Kaizen sobre el Sistema de Producción de Toyota (TPS, también conocido como Lean) en el Hartford Graduate Center y en la planta de fabricación de una empresa cercana. Él mismo, Pentland y Byrne decidieron asistir. El seminario estaba organizado por Masaaki Imai, muy conocido por su libro "Kaizen". Los otros profesores eran Yoshiki Iwata, Akira Takenaka y Chihiro Nakao, de la sociedad de consultoría japonesa Shingijutsu, de quienes nadie del grupo Danaher habían oído hablar.

Después de que la delegación de Danaher escuchara el primer día la presentación del TPS de Shingijutsu y descubrir que los instructores habían trabajado durante muchos años como discipulos de Ohno, en la puesta en práctica del pensamiento Lean en el grupo de proveedores de Toyota, entre otros, pensaron que los consejeros japoneses podían ayudarles. Koegnisaecker se dirigió a ellos y les invito a que visitaran Jake Brake (empresa del grupo Danaher donde trabajaban).

Tal como Bob Pentland recuerda, "nunca nos habiamos encontrado con un profesor del estilo japonés, es decir un sensei, y no estábamos preparados para ser rechazados de forma tan fría. A nuestra invitación, Iwata simplemente dijo 'No' y se marchó airadamente". Sin embargo, George, que es una persona extremadamente perseverante, siguió reiterando la invitación, primero en el almuerzo, luego en el descanso de la tarde, y a continuación al final de la sesión diaria. Cada vez que formulaba la invitación a través del traductor de Iwata, la respuesta era un seco "No". Al día siguiente, George volvió a la carga, antes de iniciarse el curso, en el almuerzo y durante los descansos. Al final del segundo día, Iwata y sus colegas aceptaron cenar con nosotros, probablemente para que George dejara de molestarlos.

"Apenas nos habíamos sentado para cenar, saqué un plano en el que se ilustraba la disposición de nuestra planta con la célula de producción organizada en flujo de una sola pieza que acabábamos de crear. La puse sobre la mesa enfrente de Iwata, y le pregunté si nuestra organización era correcta. Hubo un prolongado silencio glacial. Finalmente Iwata preguntó, 'Si voy a su planta ¿harán ustedes todo lo que les diga?' Ante nuestra respuesta afirmativa, Iwata prosiguió, 'en ese caso, enrolle el plano, cenemos tranquilamente, y visitaremos su planta esta noche"

A su llegada a la planta alrededor de las 10 pm, los componentes del grupo japonés echaron un vistazo a la célula y declararon todos a la vez, 'todo mal'.

(...)

Este primer contacto con la mentalidad del "simplemente hágalo" del sensei Lean, Koegnisaecker sabía que había *entrado en un nuevo mundo. "Todas mis ideas previas sobre el grado de mejora posible en un periodo determinado se habían modificado significativamente y para siempre. Igualmente comprendí en este momento que estos tipos podían ser una mina de oro para el grupo Danaher"*

De esta forma, Byrne y Koegnisaecker adquirieron sus conocimientos sobre el sistema Lean directamente de los principales discípulos de Ohno. Con esos conocimientos y experiencia, aterrizaron en Wiremold e iniciaron su transformación Lean. Algunos de los principales indicadores se pueden ver en la tabla adjunta.

	1990	1991
Ventas/empleado (miles $)	90	190
Tiempo total producción	4-6 sem	1-2 dias
Tiempo desarrollo producto	3 años	3-6 meses
Proveedores	320	73
Rotación existencias	3,4	15,0
Espacio	100	50
Ventas	100	250
Resultado operativo	100	600
Beneficios (%sobre salarios)	1,2	7,8

Caso FNGP Lingonier

Una de las grandes ventajas que ofrece el sistema Lean es que no trata sobre una mejora puntual, sino sobre mejoras continuas. El caso de FNGP Lingonier demuestra la enorme potencia del concepto *kaizen* (mejora continua). Podemos observar cómo los resultados logrados de forma sistemática son realmente asombrosos.

	Feb 92	Abr 92	May 92	Nov 92	Ene 93	Ene 94	Ago 95
Empleados	21	18	15	12	6	0	3
Piezas/ empleado	55	86	112	140	225	450	600
Espacio	2.300	2.000	1.850	1.662	1.360	1.200	1.200

Inversión < 1000$
Accidentes y coste de los mismos ↓92%

Caso Lantech

Lantech es otra de esas empresas modelo en lo que a transición Lean se refiere. Ron Hicks fue la persona a cargo de esta transición. Después de años trabajando en General Electric, aterrizó como vicepresidente de operaciones en Lantech con la misión de dirigir la conversión desde el sistema de producción en lotes y colas a un sistema Lean. Lantech era un fabricante de maquinaria para ensamblar palets y a principios de los noventa enfrentaba una difícil situación. Pat Lancaster, su propietario había probado multitud de ideas sin mucho resultado. Pronto Lancaster se convenció de que ninguna empresa se había salvado nunca únicamente recortando costes y disminuyendo su tamaño. En aquellos años, el propio Pat Lancaster decía: *"Por primera vez empezamos a perder dinero y nuestros principios fundamentales sobre cómo dirigir una empresa se habían derretido"* Fue entonces cuando descubrió el pensamiento Lean[4].

	Lotes y Colas/1991	Flujo/1995
Duración del desarrollo para una nueva familia de Productos	3-4 años	1 año
Horas empleado/máquina	160	80
Espacio /máquina	9,3 m²	5,1 m²
Defectos /máquina entregada	8	0,8
Existencias en curso y acabadas*	2,6 M$	1,9 M$
Tiempo total de producción	16 semanas	14 horas
Plazo entrega	4-20 semanas	1-4 semanas
Ventas	X	2X
Cuota Mercado	35%	50%

* Ojo, con ventas dobladas. Si no se hubiese mejorado se habrían necesitado 5,2 M$ para soportar el volumen.

Si decides darle una oportunidad, el mejor consejo que te puedo ofrecer es este: ponte en marcha y comienza cuanto antes. No te arrepentirás.

---

[4] Narrado en Lean Thinking

La expansión del conocimiento mediante publicaciones

El conocimiento de la metodología Lean no fue tan rápido como cabría esperar. En occidente necesitamos esperar varias décadas para conocerlo. Como ya dijimos, en los años sesenta Toyota ya tenía en pleno funcionamiento y puesto a punto su sistema, pero no fue hasta 1990, casi 30 años después, cuando empezamos a tener conocimiento de forma general, de que algo nuevo estaba en marcha.

A principios de 1985 y como consecuencia de la grave crisis que azotaba a las empresas fabricantes de automóviles, se creó en el MIT (*Massachusset Institute of Technology*) el "Programa Internacional de Vehículos a Motor" (IMVP, en sus siglas en inglés). Un programa destinado al estudio de la industria automovilística, su situación y su futuro. Para ello, empresas fabricantes de automóviles de Estados Unidos, Europa y Japón, junto a proveedores y gobiernos de varios países, pusieron entre todos 5 millones de dólares para financiar el estudio. Con el objetivo de evitar influencias de los patrocinadores en las conclusiones, se restringió el capital aportado por cada uno a un 5% del total. Además se estableció el compromiso de permitir el acceso de los investigadores a todas las plantas y a facilitar la documentación requerida. De esta forma, se garantizó la independencia final del informe.

A la cabeza de este estudio estaban James Womack, Daniel Jones y Daniel Ross. Tras cinco años de trabajo, explorando y estudiando cientos de plantas por todo el mundo, en 1990 publicaron los resultados de su trabajo en un libro llamado "La máquina que cambió el mundo". Esta fue la obra clave que reveló al mundo, con precisión en números y cifras, las maravillas del Sistema de Producción de Toyota (Lean) que dejaba en la prehistoria a la ya decadente producción en masa. Aun así, este libro fue sólo el inicio, el descorrimiento del velo. Como luego supimos, aún quedaban muchas más cosas por descubrir y por comprender.

Publicaciones

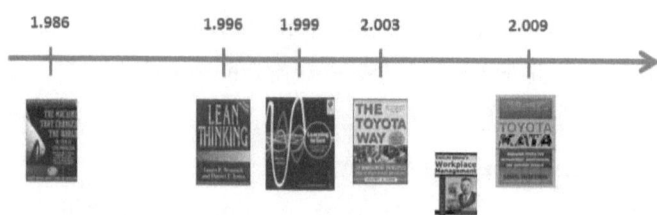

En 1996, seis años después de publicar La máquina, Womack y Jones publican *Lean Thinking*, un libro más concreto y que ya sí desvela en mayor detalle los factores principales de la metodología Lean. Pero la parte técnica, el núcleo duro, seguía inexpugnable para los occidentales.

En 1999 se da un gran salto cualitativo con la publicación del manual *Learning to See* de Mike Rother y John Shook. Por primera vez se desvela la herramienta básica de todo el sistema Lean: *El Value Stream Mapping* (en Toyota llamado "Diagrama de Flujo de Información y Materiales"). Ahora sí, el mundo tenía a su disposición una poderosísima herramienta para comenzar su transformación.

En los años siguientes, se publicarían diversos manuales y libros ahondando cada vez más en el tema. Merecen destacarse los Workbooks del Lean Enterprise Institute (*Making Materials Flow, Creating Continuous Flow* y *Creating Level Pull*).

En 2003, y ya con bastante conocimiento publicado, surge otra obra cumbre: *The Toyota Way* de Jeffrey Liker. Liker, ingeniero y profesor en la universidad de Michigan, se adentró en Toyota durante algunos años y depuró 14 principios que son los que hoy constituyen la filosofía de Lean.

El siguiente gran salto no se produciría hasta el año 2009 con la publicación de *Toyota Kata$* de Mike

Rother, que abrió la puerta al que probablemente sea el eslabón que aún permanece perdido: el liderazgo. En esa línea, Jeffrey Liker publica en 2011 *Toyota Way to Lean Leadership* que profundiza en estos conceptos.

Fíjese el lector, que las fechas dadas son de la publicación de las obras en inglés, no en español. A día de hoy, y habiendo leído e investigado bastante, me atrevo a decir que apenas el 1% de las publicaciones sobre Lean están traducidas al español. Esto quiere decir que el mundo hispano-hablante aún está muy lejos de la comprensión de este novedoso sistema de producción y de gestión. Animo al lector a que inicie las lecturas mencionadas en el idioma de Shakespeare. No se arrepentirá.

Recomendación

En la medida de tus posibilidades, te recomiendo añadir estos libros a tu biblioteca particular. La gran mayoría de ellos los puedes encontrar en amazon.com a precios muy reducidos. A buen seguro serán una de las mejores adquisiciones que hagas.

No olvides consultar la Sección "Bibliografía". Allí te ofrezco un recorrido ordenado de aprendizaje a través de distintos libros.

Taiichi Ohno: el gran genio

Es obligatorio hablar un poco sobre Taiichi Ohno, el ingeniero responsable del desarrollo del Sistema de Producción de Toyota (Lean). Su tesón y su inteligencia fueron factores determinantes para el descubrimiento y el éxito de este novedoso sistema.

Nacido el 29 de febrero de 1912 en Manchuria, una región al noroeste de China, ingresó en Toyota en el año 1943 como jefe de taller de maquinaria. A partir de aquí, su intenso trabajo sobre análisis de rutinas de trabajo, tiempos de ciclo y experimentación con el flujo de proceso, junto con un exhaustivo estudio de los textos de Henry Ford, le llevaron a desarrollar el Sistema de Producción de Toyota.

Cuando el sistema de producción en masa se expandía por el mundo, Ohno advirtió de sus graves deficiencias y limitaciones y que por tanto, sería una temeridad simplemente copiarlo. La base de la producción en masa era justamente esa, producir en masa. Pero como ya dijimos, en Japón no había mercado suficiente para producir en tales cantidades y poder aprovechar las supuestas ventajas que este sistema ofrecía. Junto con la familia Toyoda, propietaria de Toyota, se puso manos a la obra, y mediante el intenso estudio, la observación práctica, la prueba y el error y su talento y perseverancia, desarrolló un sistema de producción que fácilmente doblaba o triplicaba el rendimiento de la producción en masa.

Cuando intentamos producir el mismo producto en grandes cantidades, cantidades homogéneas, tienen lugar todo tipo de pérdidas. Al final los costes ascienden. Es mucho más barato fabricar cada artículo una sola vez. El primero es el sistema de producción de Ford. El segundo, el de Toyota.

- T. Ohno. "El sistema de producción de Toyota"

Ohno desarrolló toda una filosofía de gestión que comenzó siendo un sistema de producción. En 1978, siendo vicepresidente de Toyota, Ohno se retiró de su actividad en la empresa, pasando a ayudar a algunos proveedores de Toyota en su transformación Lean.

La metodología desarrollada por Ohno supone un cambio de paradigma, una forma completamente nueva de fabricar productos y proporcionar servicios. Fulminó de un plumazo toda la teoría del lote económico, dejó de ver a las personas como máquinas e ideó una nueva forma de hacer negocios en el mundo.

Sirva esta anécdota para ilustrar el efecto que tenía la filosofía Lean en los responsables y trabajadores de las empresas. Dos de los principales discípulos de Ohno, Yoshiki Iwata y Chihiro Nakao, pasaron un día de visita en 1987 en una planta en Carolina del Norte para ayudar a esta en su transición al sistema Lean. Norman Bodek, el reconocido editor sobre temas de productividad, se acercó muy interesado al responsable de planta y le preguntó cómo había ido la visita. Este le respondió:

Ha sido la mejor experiencia de mi vida. Ha sido sensacional. Motivaron a todos completamente hacia la mejora continua. En un día, bajaron los tiempos de setup de dos máquinas a la mitad. Fue asombroso verles en acción. A pesar de hablar en japonés, comunicaban mucho mejor que nosotros en inglés entre nosotros mismos. Pero lo que más admiro es su increíble respeto por las personas.

El propio Ohno sabía que sus principios no se limitaban a la planta de producción, y así lo decía:

El Sistema de Producción de Toyota no consiste tan solo en un sistema de producción. Confío en que revelará su fuerza como sistema de gestión adaptado a la era actual de mercados globales y sistemas de información computerizados.

- Taiichi Ohno

Un genio fuera de toda duda que fue capaz que desafiar el status quo, aplicar la observación práctica y el análisis exhaustivo, de probar, de errar y de aprender de los errores, y así una y otra vez hasta lograr construir y dar al mundo una nueva y mejor forma de hacer las cosas.

Capítulo 2. ¿Qué es Lean?

Es habitual que cuando, los que nos dedicamos esto, comenzamos a hablar sobre Lean, recibamos a bocajarro y sin previo aviso la siguiente pregunta: ¿Eso qué es? Y ahí es cuando no sabemos bien qué decir. Pensamos: *"No puedo decirlo todo porque eso me llevaría más de un día. Tampoco puedo ser demasiado escueto porque no lo entenderían. Y si tengo que empezar por algún sitio, ¿por dónde?"*. Sirva este capítulo para solventar este problema.

Existen muchas formas de definir Lean, y casi todas correctas en mayor o menor grado. Lo cierto es que aún no existe consenso sobre una única definición (esto lo podrás comprobar fácilmente hablando con algunas de las personas que nos dedicamos a esto y verás cómo cada uno da una definición distinta). Y esta ausencia de consenso demuestra lo joven de nuestro entendimiento de la disciplina. Así que la pregunta de "qué es Lean" es tan buena como difícil de responder. Ya sabemos que una definición debe precisar con exactitud las fronteras del concepto definido, de tal forma que pueda uno saber exactamente si algo es o no es. Pero como decíamos, aún no hemos llegado ahí. Por eso, te ofrezco distintas formas de definirlo para que elijas la que mejor se adapte a ti. Todas ellas, recuerdo, perfectamente válidas. Pero antes unos breves apuntes.

Muda y Valor

Antes de comenzar con las definiciones, es necesario hacer un pequeño, pero importantísimo inciso: hablar de *muda* y de *valor*.

Muda es una de esas palabras japonesas que han pasado a formar parte del vocabulario habitual del mundo Lean y que el lector verá y escuchará muy a menudo. Todo en Lean está relacionado con ella de una u otra forma y vamos a ver por qué.

Definición

Muda: despilfarro, desperdicio. Cualquier actividad que consume recursos (tiempo, materiales, personas, dinero, etc.) pero no genera valor alguno para el cliente.

Veremos algún ejemplo en un momento para clarificar la situación, pero he de advertir que comprender qué es muda y qué no, es la base para todo lo demás. Todo se sustenta en esto. Y para comprender qué es muda necesitamos comprender también qué es "valor", pues aquella es lo opuesto a esta.

Definición

Valor: Aquello que necesita el cliente. Lo que satisface sus necesidades a un precio concreto y en un momento determinado.

Nunca recalcaremos lo suficiente que el valor lo fija el cliente y lo producimos nosotros. No al revés. Grábate esto a fuego. Nosotros no podemos especificar qué es valor y qué no. Sólo podemos averiguar lo que es valor para el cliente, y entonces concentrarnos en hacer lo que le aporta valor y eliminar todo lo demás de nuestros procesos. Y para saber qué aporta valor al cliente hay que escucharlo atentamente, más que hablarle en exceso, cosa habitual en las estrategias de marketing actuales.

La especificación de valor de forma precisa es el primer paso en el camino Lean. Proporcionar el bien o servicio incorrecto de forma correcta es muda. Más adelante hablaremos más sobre los tipos de muda y cómo identificarlos.

Proporcionar el bien o servicio incorrecto de forma correcta es muda

A continuación algunos ejemplos para ilustrar estos conceptos.

Imagine el lector que desea que le fabriquen un piano. Actividades tales como cortar las patas, pintar la tapa, la caja, montar las teclas o afinar el sonido, son actividades que a nosotros como cliente, nos aportan valor: ¡están construyendo nuestro piano!

Sin embargo otras actividades como pasear el piano de un lugar a otro por la planta[5], volver a cortar piezas que ya se han cortado antes pero se ha hecho de forma defectuosa, reparar arañazos por un mal manejo, el coste que supone mantener piano sin actividad porque hay que esperar alguna pieza que falta, el coste de mantener grandes almacenes para cobijar inventarios, etc. Para nosotros todas estas actividades son despilfarros ya que consumen recursos pero que a nosotros como cliente, no nos

---

[5] He visto pianos recorrer más de 12 km dentro de una planta de 100x300 metros cuadrados, empujados a mano por operarios

aportan nada. Y adivina quién pagará todo eso. Lo mismo se aplica a cualquier otro producto o servicio.

Imaginemos por ejemplo, que necesitamos que nos afinen el piano que ya tenemos comprado. Han pasado unos meses y se ha desafinado. Así que llamamos a un afinador profesional. A nosotros lo que nos interesa es que venga y deje el piano afinado. Nada más. Si tiene que venir desde muy lejos, si tiene un vehículo que consume mucha gasolina, o si se ha olvidado alguna pieza y tiene que volver al taller a por ella con la consiguiente pérdida de tiempo, a nosotros todo eso nos da igual. No pagamos por eso sino porque nos afinen el piano. Todo eso es despilfarro. Sin embargo, el acto de estar afinando cada cuerda sí nos aporta valor: esas son actividades de valor!

En cualquier proceso siempre hay actividades que aportan valor y otras que no (despilfarros).

Las 3 M's: muda, mura y muri

Ya hemos visto que muda es todo aquello que consume recursos de cualquier tipo (tiempo, dinero, materiales, etc.) y no aporta valor alguno al cliente final. Sin embargo hay dos conceptos más que son importantes y que también generan despilfarros e ineficiencia: se trata de los denominados mura y muri.

Definición

Mura: Llamamos mura a cualquier tipo de variabilidad.

La variabilidad siempre introduce despilfarros en nuestro sistema y hay que evitarla a toda costa. Deming dedicó gran parte de su vida a la lucha contra la variabilidad sabedor de su devastador efecto. Los procesos y las operaciones deben ser estables y predecibles. Si no lo son debemos luchar por reducir las variaciones al mínimo.

Imaginemos que el trabajador que pinta la tapa del piano tarda los siguientes tiempos en pintar cada tapa:

# Tapa	#Tiempo
1	12 min
2	19 min
3	6 min
4	14 min
5	22 min
6	8 min
7	17 min
8	9 min
9	11 min

Es evidente que esta operación sufre de una enorme e inaceptable variabilidad que sin lugar a dudas, introducirá despilfarros en nuestro proceso. Ese despilfarro es coste, dinero, y hay que evitarla a toda costa. Una operación mucho mejor sería la siguiente:

# Tapa	#Tiempo
1	12 min
2	12 min
3	11 min
4	12 min
5	13 min
6	12 min
7	11 min
8	12 min
9	13 min

Definición

Muri: Llamamos muri a la sobrecarga de trabajo o trabajo tensionante.

Cuando un sistema, sea cual sea, se sobrecarga, todos sabemos lo que pasa: que el sistema resulta dañado y su rendimiento se ve reducido. Y cuando alguien tiene que trabajar en un entorno tensionante, también sabemos lo que pasa. Es habitual ver en las organizaciones trabajadores sobrecargados (en todos los niveles), y esto hace que el rendimiento y la calidad de toda la organización se deteriore, aunque aparentemente los trabajadores estén "más activos" en realidad su productividad estará descendiendo vertiginosamente.

Evitar despilfarro (muda), la variabilidad (mura) y el trabajo tensionante (muri) son también tres formas de respetar a las personas. Con la primera le estamos diciendo que apreciamos su tiempo y esfuerzo y por tanto no lo vamos a desperdiciar. Con la segunda le decimos que su trabajo podrá ser desarrollado de forma continua y constante, sin altibajos, sin cambios de ritmo y a un paso sostenible. Y con la tercera le decimos que no se van a quemar. Evita por tanto estas tres formas de despilfarro (también conocidas como 3M's): muda, mura, muri.

Definiciones

Y ahora ya sí, después de haber hecho este paréntesis necesario para explicar los conceptos de muda (despilfarro) y de valor, ya estamos listos para dar las definiciones.

Definición 1: Lean (TPS) según Ohno

Comenzamos con lo que el propio Ohno decía:

"El objetivo es incrementar la eficacia de la producción, eliminando las pérdidas de forma consistente e implacable. Esto, y el respeto a las personas, de igual importancia, configuran la base del sistema de producción de Toyota". Taiichi Ohno.

Desde mi punto de vista esta es quizás la mejor definición que conozco y la más completa. Yo es la que siempre utilizo. Sin embargo, para el ojo no entrenado, puede parecer simple. Se decía que Ohno explicaba un 10% de las cosas, el restante 90% debía hallarlo uno por sí mismo, y esta definición cumple esta máxima y encierra bastante más de lo que en un primer vistazo puede parecer. Por ejemplo, para poder cumplir con los dos requisitos establecidos (eliminación constante de las pérdidas y el respeto a las personas) necesitamos otros muchos conceptos y/o herramientas que, sin estar en la definición de forma explícita, sí que lo están de forma implícita (esto es algo muy japonés). Veamos algunos.

En primer lugar, hay que centrarse en eliminar el despilfarro para dejar sólo las actividades de valor, y luego poder incrementar este para el cliente. Por tanto, podemos decir que el objetivo de eliminar el despilfarro es incrementar el valor para el cliente. Por otro lado, al hacer referencia a la eliminación de este de forma continua, Ohno indica que es algo que nunca termina: es algo continuo, un camino. Esto introduce de forma implícita la visión a largo plazo. Y cumplir con los objetivos a largo plazo solo es posible con la colaboración de todos, con el desarrollo de todas aquellas personas que estén, de una forma u otra, en contacto con la organización (trabajadores, clientes, proveedores, líderes, etc.), y esto sólo se puede conseguir mediante el respeto. Por otra parte, para conseguir eliminar despilfarro primero hay que identificarlo y para eso necesitamos, por ejemplo, la gestión visual, reducir los inventarios y muchas otras actividades que llevamos a cabo cada día. Todo encaja a la perfección.

"Todo lo que estamos haciendo es mirar la línea de tiempo que va desde que el cliente hace el pedido hasta que cobramos el dinero, y estamos intentando acortarlo todo lo posible". T. Ohno

Un pequeño alto en el camino. Seguramente estarás algo aturdido con tanta palabra nueva, pero no te preocupes por esto ahora, conforme avances en tu conocimiento descubrirás que esta definición tiene cada vez más sentido. Y una advertencia: debes llevar estos conocimientos a la práctica para poder comprenderlos en profundidad. Igual que el aprendizaje de las artes marciales, Lean sólo se puede aprender haciendo (*learning by doing*, se suele decir).

Y aun así es difícil. Por eso te aconsejo que no trates de comprender todo desde un libro o una charla: necesitas ponerlo en práctica. Si te quedas en el libro, tu conocimiento no pasará de 5 o el 10% del total. Existen muchas cosas ocultas que sólo te serán reveladas mediante la práctica habitual.

Cuando Toyota permitió a los visitantes de la competencia visitar sus fábricas para que pudieran ver el sistema utilizado por ellos, los occidentales no podíamos creerlo. ¿Cómo era posible que enseñaran a los demás semejante ventaja competitiva cuando lo razonable sería guardarla bajo llave a buen recaudo de ojos indiscretos? Yoshiki Iwata, uno de los principales alumnos de Ohno y toda una leyenda, respondía de la siguiente forma a esta pregunta:

"I can teach you TPS. Even I can show you TPS in action. But I bet you cannot do it". Yoshiki Iwata

Definición 2: Lo que hace Toyota

Lean es lo que sea que haga Toyota [debida a George Koenigsaecker].

Toyota es reconocida por su excelencia en cada campo y su extraordinario rendimiento. Toyota es el origen de Lean y por tanto cualquier cosa que haga Toyota, es Lean. Simple.

Toyota está varias décadas por delante de los demás. Han sido muchos años de durísimo trabajo cada día, por cada empleado y en cada puesto o función. Hoy siempre miramos a Toyota para comprender cualquier aspecto de Lean, o bien para profundizar algo más y ampliar nuestro conocimiento. Por lo tanto Toyota sigue siendo el principio, el fin, la referencia para todo y el mejor ejemplo. De esta forma, podemos decir sin temor, que Lean es lo que sea que haga Toyota.

Definición 3: Identificar y eliminar el despilfarro

Aunque estos conceptos están dentro de la definición de Ohno, es muy habitual encontrarlos de forma separada como definición de Lean (es decir, olvidando mencionar la parte del respeto a las personas). Para muchos de nosotros esta forma queda algo superficial, ya que sólo menciona una parte de las actividades. Aun así podemos considerarla aceptable, sobre todo para aquellos que están comenzando. Pero es importante no quedarse aquí y avanzar hacia una comprensión más profunda.

Dicho lo anterior, la identificación y eliminación de despilfarros es una magnífica forma de ponerse en marcha. En cada actividad que veas o lleves a cabo, puedes hacerte esta pregunta: esto que estoy haciendo, ¿añade valor al cliente?

Definición 4: Un sistema de identificación y resolución de problemas

Habitualmente "resolvemos" nuestros problemas al nivel del primer síntoma, lo cual conlleva que reaparezcan una y otra vez. Diseñar y construir un sistema, una organización, que sea capaz de identificar y resolver los problemas en su causa raíz es una forma excelente de evitar que ese problema vuelva a surgir nunca más y de hacer avanzar a la compañía mediante el aprendizaje generado. Esta forma de actuar es la forma Lean. Aunque evidentemente tiene un problema: diseñar y construir este tipo de organizaciones en medio de las prisas diarias, apagando fuegos aquí y allá, con los "cocodrilos mordiéndonos los talones", es realmente difícil. Muy difícil, créeme.

El origen del término

Cuando el equipo del Programa Internacional de Vehículos a Motor del MIT se decidió a publicar los resultados de su exhaustiva investigación, se enfrentaron con un problema: ¿cómo llamar a ese nuevo sistema utilizado por Toyota? En Toyota nunca le habían dado nombre: era algo natural para ellos, una forma de hacer las cosas desde hace años. Así, el equipo del MIT se decidió a bautizar a este sistema con un nombre nuevo. Pero ¿cuál?

Lean: Magro, esbelto, enjuto, delgado, ausente de grasa

Uno de los componentes del equipo, John Krafcik, propuso el término "Lean" debido a que el sistema de Toyota eliminaba todo lo que sobraba, todo lo innecesario, dejando únicamente lo útil (Lean puede ser traducido al español como magro, esbelto, enjuto, delgado, ausente de grasa).

Para mí, el hecho de que Womack y compañía tomaran esta decisión fue una de las cosas más importantes que hicieron, ya que con gran visión de futuro, desvinculaban el pensamiento Lean de las plantas de manufactura y de Toyota. Muchos encuentran obstáculos en adoptar algo que proviene del mundo del automóvil y con la expresión Lean se supera esa barrera. Otro de los grandes aciertos de Womack, aún no advertido en nuestros días, fue llamar a su libro Lean Thinking. No lo llamó Lean

Manufacturing, sino Lean Thinking, remarcando el hecho de que es una forma de pensamiento aplicable a cualquier lugar donde haya un grupo de personas y una serie de procesos, ya sean en sanidad, administración, servicios, tecnologías, manufactura o donde sea. Por desgracia, aún hoy muchos no se han dado cuenta de este importante matiz.

De todas formas, advierto al lector que puede usar indistintamente el término Lean o el término TPS (*Toyota Production System*). Realmente no existen diferencias entre ambos aunque algunos se empeñan en encontrarlas [podríamos debatir si Lean hace referencia a TPS o más bien a TMS (*Toyota Management System*), el cual integra TDS (*Toyota Development System*), TPS (*Toyota Production System*) y TMSS (*Toyota Marketing&Sales System*)].

El cliente: el principio de todo

A veces, en medio del caos diario y de las urgencias y fuegos continuos que tenemos que ir apagando nos olvidamos del porqué de todo: el cliente. Como empresa, todo lo que hacemos es con el objetivo de vender, es decir, que nos compren nuestro producto o servicio, y quién compra es el cliente. Así pues, debemos producir sólo aquello que el cliente necesita, en la cantidad que lo necesita, y dónde y cuándo lo necesita. Nada más (y nada menos). Recuerde el lector esta frase: producir de forma eficiente algo que el cliente no necesita, es despilfarro.

Hablábamos de los conceptos de valor y de muda y decíamos que eran el comienzo de todo. Es evidente su conexión directa con el cliente, ya que es este, como también decíamos, quién determina qué es valor y qué no. Por tanto debemos comenzar por averiguar qué es lo que el cliente percibe como valor y a partir de ahí, diseñar nuestro sistema de producción. Hacer lo contrario es caer en una trampa con consecuencias muy negativas.

He conocido muchas empresas que achacaban sus reducidas ventas a que el cliente no les comprendía. La realidad era la contraria: eran ellos quienes no escuchaban lo que sus clientes les decían. Aunque volveremos más adelante sobre el asunto del valor y su determinación, nunca insistiré lo suficiente en que es muy importante que siempre tengamos presente la frase antes mencionada: producir de forma eficiente algo que el cliente no necesita, es muda.

Más que herramientas

Pensar que Lean es un conjunto de herramientas ha sido, y es, uno de los errores más habituales: Lean no trata sobre herramientas. Aunque estas son importantes y es mediante las cuales aplicamos en la práctica la metodología, en realidad Lean trata sobre otra cosa: es una filosofía, un enfoque, un paradigma. De hecho las herramientas no son más que la consecuencia lógica de aplicar estos.

Al principio, cuando Lean comenzó a ser conocido, se supuso que consistía simplemente en un conjunto de herramientas, una *toolbox*. Enmendar este error costó muchos años y no ha sido hasta hace poco que realmente lo empezamos a comprender. El origen de este error es evidente: un breve paseo por una planta cualquiera de Toyota revelaba métodos distintos y herramientas nuevas. "Si yo uso esas herramientas", pensaba el visitante, "obtendré estos mismos resultados". Eso nunca pasó y en cierta manera era comprensible que así fuera.

Puestos a averiguar por qué a nosotros no nos funcionaban las herramientas que a ellos sí, descubrimos que había "algo más". Se necesitaba un cambio de mentalidad, un cambio en la forma de hacer las cosas, un cambio de paradigma.

Pedirle a un trabajador que cuando haga mal una pieza, o cometa un error, tire de una cuerda que haga sonar una alarma y una luz roja para que todo el mundo vea que se ha equivocado, o bien el sistema recompensa claramente a los que comprenden y buscan la excelencia, o nadie en su sano juicio tirará de la cuerda (esta herramienta la veremos más adelante).

Fíjese el lector en esta historia que Mike Hoseus, manager en Toyota, vivió en Tsusumi cuando fue enviado allí para su aprendizaje, y cometió un error [fuente: Toyota Culture, J. Liker]:

Mi primera reacción fue dejarlo pasar. Probablemente nadie se daría cuenta, y nadie sabría que era yo el que había cometido el error. Pero mi conciencia en aquel momento dio lo mejor de si, y quería ver si realmente funcionaba aquello que me habían contado sobre la admisión de errores. Así que tiré del andon y el "team member leader" vino a solventar el problema y me enseñó cómo sujetar la pieza con uno de los dedos libre para estabilizarla mejor. Pero él no parecía enfadado porque yo había rayado la pieza. Entonces, en el descanso nos reunimos y el "group leader" nos dio información sobre problemas de seguridad y calidad y escuchó el feedback de los "team members".

Hablaban japonés así que no podía comprender lo que estaban diciendo hasta que escuché las palabras "Mike-san". Entonces presté más atención... más japonés... y luego escuché "scratchee scratchee" (sería algo así como arañazo en un mal inglés) y luego más japonés. Ahí estaba, pensaba que finalmente iba a ser llamado para que me echaran la bronca delante de todo el mundo. Entonces todo el grupo se volvió hacia mí, me miraron y comenzaron a aplaudirme, a sonreírme, a darme palmadas en la espalda y a darme la mano conforme volvían a la línea de producción.

No podía creerlo, después de contrastar con el traductor para asegurarme, confirmé que me estaban aplaudiendo por cometer un error y admitirlo. Me sentí de maravilla. ¿Sabes qué pasó la siguiente vez que cometí un error?.

Para que Lean funcione, deben ser los propios trabajadores los que usen las herramientas de forma eficiente. Y esto solo es posible si lo hacen motivados. Toyota encontró la forma de que sus trabajadores buscasen la excelencia por ellos mismos, sin necesidad de un sistema de castigos o de recompensas, ya que la experiencia mostraba que eso no funcionaba. Y el primer paso era predicar con el ejemplo: debían ser los líderes los que con sus actos, más que con sus palabras, despertaran la motivación intrínseca de las personas (en Lean nos referimos a ellos como *team members*, que podríamos traducir como miembros del equipo).

Ejemplo de motivación:

La medida habitual en el mundo de la empresa para evitar que nadie falte de forma injustificada a su puesto de trabajo, es la sanción. Mediante el castigo se pretende conseguir un comportamiento determinado. Vamos a ver a continuación un ejemplo de lo que hace Toyota para conseguir ese mismo objetivo.

En Toyota existe lo que se llama El Club de la Excelencia. Está compuesto por trabajadores y cada año es distinto. Digamos que se gana el acceso sólo para un año. Acceden a él todos los trabajadores que durante ese año no hayan tenido ni un solo retraso o falta injustificada a su puesto de trabajo. De esta forma, se celebra anualmente una comida a la que están invitados todos los miembros del club. Al finalizar la comida se sortean entre todos los asistentes varios coches Toyota con todos los gastos pagados (todos es todos, tan solo hay que coger la llave y llevárselo a casa). De esta forma, todos los trabajadores desean ingresar cada año en el club a ver si, además del día de fiesta, consiguen un coche totalmente gratuito. El coste que a la empresa le supone el pago de esos coches es muy inferior al coste provocado por la ausencia o retraso de trabajadores a su puesto de trabajo. Ni que decir tiene las ventajas que ofrece este incentivo de comportamiento respecto al de la sanción citado al principio. Póngase el lector en el lugar de un trabajador de Toyota y diga si no va a realizar el esfuerzo de ingresar en ese club cada año.

Ni que decir tiene que la tasa de absentismo en Toyota es varias veces inferior al resto de competidores, entre otras cosas, por medidas como esta.

Poco después se descubrió que el desarrollo del liderazgo en Toyota está muy lejos de ser fruto de la casualidad. Existe todo un proceso, largo en el tiempo (10-15 años) para desarrollar a los futuros líderes. Pero esto lo veremos un poco más adelante.

Quédese el lector con la importante conclusión de que Lean no es un conjunto de herramientas, sino mucho más: es una forma de pensar y de hacer las cosas. Es una filosofía.

Las 4P en Lean

Una de las formas más habituales de expresar el pensamiento Lean es a través de la pirámide de las 4 P's. Las 4P's corresponden a cuatro palabras que, en inglés, comienzan por la letra "p". Estas son: *Philosophy, Process, People, Problem Solving*. En español las podemos traducir como: Filosofía, Procesos, Personas y Resolución de Problemas

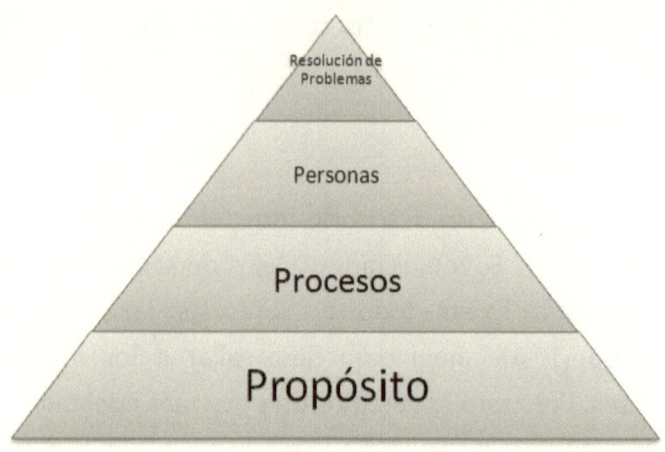

En la base tenemos el propósito de nuestra organización: ¿Por qué existimos? Esta es la base sobre la que se construye todo lo demás y la que guiará nuestras decisiones estratégicas y operacionales. A continuación tenemos los procesos: toda organización está formada por procesos y son estos los que conducen al resultado. Si el proceso es correcto, el resultado también lo será. Encima de los procesos estás las personas: son ellas las que realmente crean el valor y las que forman el núcleo de cualquier empresa. Su implicación y compromiso son vitales para el éxito de cualquier iniciativa. Con todo esto en marcha, ya sólo nos queda la resolución de problemas: identificarlos y tener una metodología para resolverlos sólo se puede conseguir si lo anterior ya está funcionando correctamente.

Esto cuatro ingredientes son la materia prima de la que están hechas nuestras empresas.

Dónde se puede aplicar Lean

Tracey Richardson, *group leader* en Toyota y miembro del *Lean Enterprise Institute*, propone una forma genial basada en la 4P's, de conocer dónde podemos aplicar Lean. Respondamos a las siguientes cuatro preguntas:

1. ¿Tiene tu empresa un **propósito**?

2. ¿Hay **personas**?

3. ¿Tienes **procesos** que creen algún tipo de resultado (producto o servicio)?

4. ¿Hay **problemas** por resolver?

Si has respondido "Sí" a estas preguntas, entonces Lean es para ti. Simple y efectivo. ¿No te encanta?

Capítulo 3. Una cuestión de filosofía

Como ya hemos visto Lean no trata sobre herramientas, técnicas o métodos: trata sobre filosofía. Esa es la clave, y sin ella todo cae como un castillo de naipes. Además es el fundamento de todos los demás principios.

El concepto de la filosofía a largo plazo aparece en pocos libros, pero es el elemento que permanece oculto y que marca la diferencia entre aplicar las herramientas con, o sin resultados sostenibles en el tiempo. Es el ingrediente perdido en la mayor parte de las empresas que han tratado de copiar a Toyota sin éxito. Esa es la razón por la que le dedicamos un capítulo completo.

Escribir cosas en un libro es muy sencillo, pero cuando estamos en las trincheras, esquivando las balas y luchando por la supervivencia día a día, la cosa ya no es tan idílica. Necesitamos sobrevivir hoy para poder pensar en mañana. Si no pasamos de hoy, todo lo que hayamos pensado o planificado será papel mojado y tiempo perdido. Esta es la forma en la que la mayoría de nosotros acostumbramos a pensar. Pero tiene problemas: cuando tomamos decisiones teniendo en cuenta sólo los resultados a corto plazo, estamos cavando nuestra propia tumba. No es fácil de ver, lo reconozco, pero voy a intentar explicar por qué y dar algún ejemplo que aporte algo de luz.

El largo plazo

"El compromiso a largo plazo con el nuevo aprendizaje y la nueva filosofía es requisito indispensable para cualquier directivo que busque la transformación. El tímido y cobarde, y aquellas personas que esperan rápidos resultados, están condenados a la decepción". E. Deming

Todas las decisiones deben estar alineadas con el propósito de la compañía y deben ser tomadas pensando en el largo plazo, incluso a expensas de los resultados financieros del trimestre. Esto es algo muy difícil de entender para cualquier directivo occidental. ¿Significa esto que no importan los resultados a corto plazo? Lo que significa es que el largo plazo es más importante que el corto plazo y que debemos tomar las decisiones pensando en aquel y no en este.

Un ejemplo parecido podría ser el de nuestra alimentación. Imagina que tienes hambre y llega la hora de la comida. Tienes dos opciones: tomar lo que más te guste o tomar lo que sea mejor para ti a largo plazo. Casi nunca son la misma cosa. Si todos los días decides comer chuletones, hamburguesas o patatas fritas, seguramente ni siquiera tengas un largo plazo. Pero si tus decisiones sobre las comidas las tomas pensando en el largo plazo (frutas, verduras, etc.) estarás construyendo un futuro sano. Evidentemente algunos días no te quedará más remedio que comer comida basura, pero será algo puntual: tus decisiones no estarán basadas en el cortoplacismo y los resultados serán muy distintos. En la empresa sucede igual.

De la misma forma, es más fácil despedir a un proveedor y contratar a otro que ofrece un precio inferior, que construir confianza con aquel y ayudarle en su desarrollo. Es más fácil despedir empleados cuando hay un descenso en las ventas, que construir confianza con ellos no despidiendo a nadie y mejorar el sistema. Es más fácil reducir la calidad de los productos para bajar un poco el precio, que construir un sistema eficiente de calidad en la fuente. Es más fácil retirar grandes cantidades de dinero en dividendos que reinvertirlos en la construcción del futuro. Es más fácil buscar a personas preparadas fuera de la empresa que desarrollarlas nosotros mismos. Es más fácil producir push, que pull. Es más fácil tener inventarios altos que apenas tenerlos para un par de horas. Todo eso es más fácil, pero no es lo mejor. Las setas buenas no están en el camino por el que pasa todo el mundo, sino por lugares por donde nadie ha pasado.

El mundo está lleno de empresas que hacen lo que es más fácil, no lo mejor. A veces porque no conocen otra forma de hacerlo, a veces porque no quieren hacerlo. Pero la excelencia no se gana por el camino fácil. Por ese camino sólo se llega a la mediocridad, cosa que podemos ver bastante más de lo que nos gustaría.

Hace unos años, mientras visitaba una planta de producción de aceitunas, el jefe de la planta me comentaba toda una serie de problemas que tenía. Le comenté algunas zonas en las que podría empezar a trabajar y los resultados que podría obtener. Su respuesta fue: *"Sí, pero es que eso no es fácil de hacer"*.

A las personas nos encanta pensar que alguien con éxito, ya sea persona o empresa, ha tenido un camino de rosas y casi nunca es así. A Toyota hoy todo el mundo la alaba por sus éxitos, pero en sus comienzos allá por los años cincuenta, antes de poner en marcha su sistema, la cosa estaba muy lejos de ser fácil o bonita. Las penurias y las luchas por las que tuvieron que pasar, fueron de todo menos fáciles. Toyota anduvo un camino duro y arduo por el que nadie se atrevió a pasar (recomiendo el libro *The birth of Lean*).

Y en medio de ese difícil camino, comprendieron que la solución era el largo plazo, no el corto. Y eso que les sobraban las razones por las que preocuparse del corto plazo, pero una vez sufridas en sus propias carnes las consecuencias decidieron que aquello nunca más se volvería a repetir.

Pero ¿puede en realidad una empresa pensar en el largo plazo tal y como estamos diciendo, tomar decisiones basadas en él, y además tener beneficios? Sí, se puede, y la mejor prueba de ello es Toyota. A lo largo del libro iremos viendo paso a paso cómo la filosofía Lean nos permite alcanzar la excelencia y los buenos resultados siempre con el largo plazo en mente.

"Bajo la presión de mejorar la productividad, la calidad y la velocidad, los directivos han adoptado herramientas tales como TQM, benchmarking y la reingeniería. El resultado han sido mejoras sustanciales en las operaciones, pero raramente esas ganancias se han traducido en beneficios sostenibles. Y de forma gradual, las herramientas han tomado el lugar de las estrategias. La eficiencia operacional, aunque necesaria para un mejor rendimiento, no es suficiente, porque las técnicas son fáciles de imitar. En contraste, la esencia de la estrategia es elegir una única y valiosa posición enraizada en sistemas de actividades, los cuales son mucho más difíciles de imitar"

M. Porter – Harvard Business Review (nov-dec 1996)

La constancia en el propósito

Edward Deming dijo que la principal enfermedad que sufrían las empresas occidentales era la falta de constancia en el propósito.

"La mayor parte de las industrias americanas están dirigidas mirando al dividendo trimestral. Es mejor proteger una inversión trabajando continuamente para mejorar los procesos, el producto y el servicio que hacen que el cliente vuelva otra vez. (...) La persecución de los dividendos trimestrales y los beneficios a corto plazo hacen fracasar la constancia en el propósito" E. Deming

Los resultados que la empresa obtenga dentro de 2, 3 ó 5 años son más importantes que los resultados del próximo trimestre. La existencia de la empresa dentro de 10 ó 20 años es más importante que el beneficio trimestral. Pero ¿cómo puede la constancia en el propósito ayudar a la supervivencia de una compañía? En el año 2009 el sector automovilístico sufrió uno de los mayores descensos en ventas de su historia. Algunos meses las ventas estaban un 40% por debajo del año anterior (mayo-2009). Cuando la mayoría de las compañías estaban al borde la quiebra, despidiendo a miles de empleados, haciendo reestructuraciones, y buscando héroes que las sacaran del atolladero, Toyota pudo mantenerse a flote sin necesidad de despedir a nadie, sin hacer grandes reestructuraciones ni de contratar a nadie de fuera. Y lo que es aún mejor, salió aún más fortalecida.

¿Cómo pudo ser esto posible? En realidad, Toyota comenzó a superar la crisis hace 60 años, cuando decidió mantener la constancia en el propósito: construyó un sistema de producción altamente flexible y eficiente, que fue mejorando día a día durante más de medio siglo; construyó relaciones de confianza con sus empleados, que son los grandes protagonistas de las mejoras y su mejor activo y desarrolló a sus proveedores y socios. En pocas palabras: construyó para el futuro mientras el resto estaba mirando el beneficio del siguiente trimestre. He aquí la diferencia: cuando te golpea una crisis, más vale estar preparado porque si has de comenzar a prepararte entonces, puede que ya estés perdido.

Mentalidad de herramientas vs filosofía

Hace unos meses me compré una estantería que venía desmontada y me tocaba a mí montarla en casa. Me compré una llave inglesa de las caras porque me dijo el de la tienda que era la mejor del mercado. Monté la estantería y me quedó doblada. Vino mi vecino con una herramienta vieja y dejó la estantería perfecta. Conclusión: No es la herramienta, es el conocimiento que hay detrás.

Con Lean ha pasado, y sigue pasando lo mismo: muchos piensan que son las herramientas las que producen el resultado. Se equivocan.

A menudo se escucha a personas decir que usan Lean para reducir costes o para solucionar algún problema. Han perdido completamente el punto. Lean no es una herramienta que usar para solucionar un problema concreto (se puede hacer, pero no servirá de mucho). Lean es un sistema que incluye filosofía, procesos, personas y resolución de problemas. Es una forma de pensar y de hacer, no una herramienta.

En los años 90, cuando Lean comenzó a ser conocido, muchas empresas estaban interesadas en su utilización por las más diversas razones: desde reducir costes a simplemente imitar lo que hacía la competencia. Lo cierto es que cualquiera que diera un paseo por una planta de Toyota lo que veía era un conjunto de herramientas en marcha, sobre todo los kanban (de ahí que durante mucho tiempo se le conoció como sistema Just In Time/Kanban).

Aquello que veían los ojos de los visitantes, junto al peculiar sistema de enseñar las cosas de los japoneses, hizo pensar a todos que ciertamente la cosa consistía en copiar las herramientas. Y así se hizo, pero el resultado no pudo ser peor. La ansiada reducción de costes no sólo no aparecía por ningún lado, sino que además la cosa empeoraba porque además la actividad diaria se había convertido en un auténtico caos. ¿Qué pasaba? ¿Por qué no funcionaba la cosa? Sencillo: la solución no estaba en las herramientas.

Como puntualización he de decir que aunque Lean es más que herramientas, sí que puede, y debe, empezarse por ellas. Es decir, en los primeros pasos utilizaremos las herramientas para comenzar a obtener ganancias y a ir ganando comprensión de cómo funciona. Luego, poco a poco, iremos profundizando en conceptos más avanzados. Es lo normal. Pero el hecho de que usemos las herramientas desde el principio no quiere decir que sean estas las que consiguen el resultado.

Vive tu filosofía: Dilbert y la misión

Tener una filosofía está muy bien, pero si nadie la sigue no sirve de nada. Poner en el informe anual de la empresa un propósito o una misión es muy fácil (hasta Dilbert tiene un "mission statement generator" que pasaría los mejores controles de calidad). Lo habitual suele ser que alguien lo redacte (a veces cobrando bastante) y espere que los demás lo Lean y lo sigan. Eso nunca pasa. Así no funcionan las cosas. De hecho el camino debe ser al revés, primero tener una filosofía, vivirla, y luego redactarla. Que todos y cada uno de los componentes de la empresa vivan la filosofía es una piedra angular para el éxito y para la constancia en el propósito. Pero conseguirlo es bastante más difícil. El camino correcto empieza con desarrollar líderes que vivan esta filosofía y que la transmitan al resto. En esencia, crear una cultura. Y esto es algo que lleva bastante más tiempo y esfuerzo que simplemente redactar un bonito titular.

Cree y desarrolle líderes que vivan la filosofía de la empresa y que la transmitan al resto. Ahí comienza el camino hacia el éxito.

Los keiretsu

Una empresa es, por acción o por omisión, un reflejo de sus propietarios. Así, si los accionistas sólo están interesados en el dividendo trimestral o en la gestión por cifras, la cultura que se crea aguas abajo está determinada por este comportamiento. Sin embargo, si estos viven una filosofía de constancia en el propósito, de mejora continua y de desarrollar a las personas, la cultura creada será otra muy distinta.

Los keiretsu japoneses surgieron después de la Segunda Guerra Mundial y son grupos de empresas, no vinculadas legalmente, pero que sí se mantienen unidas por estructuras de accionariado cruzado, en las que cada una de ellas posee acciones de todas las demás, y además tienen un sentimiento de obligación recíproca. En cada keiretsu suele haber una gran empresa de cada sector y su finalidad principal es ayudarse a encontrar financiación.

Estos grupos surgieron por la preocupación de los japoneses de que las empresas extranjeras los compraran y cambiaran la forma de hacer las cosas.

Esta opción alternativa al mercado bursátil fue la elegida debido a que no imaginaban un sistema de financiación donde no existiera un sentimiento de obligaciones recíprocas. Los americanos descubrieron esto en 1971 y ese mismo año se liberalizó el mercado japonés con el objetivo de permitir que cualquier persona o empresa pudiera acceder al accionariado de las compañías japonesas. Pero no funcionó ya que ninguno de los propietarios de los keiretsu consentía en vender ninguna de sus acciones a ningún precio.

La clave de este sistema está en la obligación recíproca. Todos deben cuidar de todos bajo una filosofía común. Y si alguien quiebra esa obligación, hay otra forma de controlarlo: el rehén. Si alguien quiere vender las acciones de tu empresa a alguien no deseado, tú también puedes vender las suyas. Así nadie vendía.

El valor y la fortaleza de este sistema queda de manifiesto en el caso de T. Boone Pickens, un inversor americano que quiso entrar en el grupo Toyota a través de la compra de una de sus empresas, Koito. Toyota poseía solo el 15% de las acciones de Koito y T. Boone logró acciones por valor del 26%. Aun así, nunca consiguió siquiera sentarse en el consejo de administración. Además nunca aparecieron más acciones a la venta, ni siquiera a un precio muy superior al de mercado.

Este sistema exaspera a empresas y gobiernos occidentales que nunca lo han entendido, pero cuyas ventajas se hacen evidentes para quien conoce un poco la mentalidad oriental.

Capítulo 4. La eliminación de despilfarro: el corazón de Lean

La mayor parte de las herramientas y de los principios Lean surgen de aquí. Recordemos que la eliminación de los despilfarros de forma continua y constante fue la mayor obsesión de Ohno.

Para comenzar a eliminar muda, primero hay que identificarla, y para eso debemos preguntarnos en cada actividad y en cada tarea la siguiente cuestión: ¿aporta valor al cliente? Una vez respondida esta pregunta ya podemos comenzar a identificar qué actividades deben ser eliminadas y cuáles deben permanecer. No es una tarea fácil, advierto.

Si el lector hace este ejercicio con cada actividad de forma permanente en el tiempo, encontrará un patrón, una serie de actividades que siempre aparecen como despilfarros. Ohno ya hizo este trabajo por nosotros y codificó los siete tipos de muda (el octavo es un añadido posterior), los cuales encontrará el lector en cualquier libro sobre Lean, y este no iba a ser una excepción. Veamos cuales son.

Los 7+1 tipos de muda

1. Sobreproducción

Producir más de lo que el cliente necesita en cada momento. La sobreproducción da lugar a multitud de costes asociados, como por ejemplo un sobreuso de las instalaciones para producir cosas que nadie quiere ahora mismo, lo que induce la necesidad de almacenar todo ese exceso a la espera de que algún cliente lo solicite; todos los costes asociados al almacenamiento, como por ejemplo el personal necesario para la gestión del almacén, la maquinaria necesaria para mover las piezas de un lugar a otro, las reparaciones de los productos dañados durante el manejo, el coste del espacio utilizado para almacenaje, el coste del edificio destinado a almacén. Y así un largo etcétera. Esta fuente de muda es la peor de todas ya que genera todas las demás ella sola. De aquí que la lucha contra los inventarios sea famosa en Lean.

No produzca nunca más de los que sus clientes estén demandando en cada momento. Si lo hace, los despilfarros invadirán su empresa sin piedad y además se esconderán muy bien, de forma que sea casi imposible para usted identificarlos y luego eliminarlos.

2. Esperas

Se trata de los tiempos de inactividad, sobre todo de los operarios. Un ejemplo típico es cuando un trabajador simplemente está de pie, parado frente a una máquina, esperando a que esta termine su tiempo de procesado, o bien está esperando una herramienta que necesita y que está usando otro compañero, o esperando algún componente o pieza que no está en su sitio, o el tiempo de inactividad producido por la avería de alguna maquinaria, etc. Todos estos tiempos de espera son despilfarro, muda, actividades o tareas que no aportan valor alguno al cliente.

Hasta la introducción de la *autonomatización* por parte de Toyota, era habitual que los operarios esperaran a las máquinas. Toyota introdujo la idea contraria: debía ser la máquina la que esperara a la persona y no al revés. De esta forma una sola persona podía manejar varias máquinas a la vez eliminando las esperas innecesarias.

3. Transportes o movimientos innecesarios (del material)

Cualquier movimiento o traslado de piezas es un despilfarro. He visto casos donde la pieza procesada recorría más de 10 km dentro de una factoría de 100x100 metros cuadrados. Imagina el tiempo perdido en estos desplazamientos, ¡no es de extrañar que apenas hubiera beneficios! Todos estos desplazamientos no aportan valor alguno al cliente y conllevan costes (aunque no sean fáciles de ver). En este caso, la eliminación de dichos transportes supuso un ahorro considerable en tiempo, espacio, y dinero.

Muchas veces no nos damos cuenta de que incurrimos en este tipo de muda: simplemente organizamos la planta por zonas funcionales y que sea el material el que se desplace. La solución para eliminar este tipo de muda es mover las máquinas de sitio y organizar la planta por cadenas o flujos de valor.

Automatizar el desplazamiento no es eliminarlo. El despilfarro sigue existiendo, lo único que hemos hecho es reducir el tiempo de transporte. El objetivo debes ser eliminar por completo la necesidad de hacer transportes.

4. Procesamiento innecesario

También llamado sobre-procesamiento (*overprocessing* en inglés). Principalmente hay dos tipos: duplicar tareas como consecuencia de tener herramientas defectuosas, lo que hace que se necesiten varias pasadas para conseguir la calidad requerida; y pretender conseguir mayor calidad de la necesaria (en el sentido de funcionalidades extra no requeridas), con lo que añadimos nuevos pasos a cada actividad o repetimos algunos de ellos para conseguir mejor resultado.

5. Inventarios

Los inventarios son el principal síntoma de la sobreproducción, el primero de los tipos de muda que estamos mencionando. El inventario causa múltiples despilfarros, como por ejemplo ocupación excesiva de espacio, obsolescencia de los artículos, daños durante el manejo, necesidad de personal extra para manejar los almacenes, maquinaria, costes en sistemas de almacenamiento, incluyendo software para su gestión, etc. Hay que evitar el inventario a toda costa. Pero seguramente el lector estará pensando: "¿Cómo es posible hacer eso? El inventario es un mal necesario y es imposible trabajar sin él. ¡Es imprescindible!". En realidad no es cierto del todo. Es verdad que podremos necesitar algo de inventario, y ello se debe a que nuestros procesos aún son ineficientes. Pero es fundamental comprender que el inventario es un despilfarro y por lo tanto hay que perseguir su eliminación implacablemente. Quizás no lo consigamos nunca, pero hemos de caminar en esa dirección dando cada día un paso más para acercarnos al ideal de inventario cero.

Respecto a la afirmación de "un mal necesario" Shigeo Shingo la contrapone a "un mal absoluto". Dice:

"El 90% del énfasis es en lo de "necesario" y solamente un 10% en lo de "mal". ¡Algunas personas afirman incluso que el stock es necesario!". Shigeo Shingo

El inventario mitiga y oculta los problemas de la producción y "resuelve" ciertos problemas muy fácil y eficazmente. Por ejemplo *[ideas extraidas de Shingo]*:

1. Permite una respuesta inmediata a una demanda imprevista

2. Aumentando el tamaño del lote se disminuye el impacto de los tiempos de setup de las máquinas

3. Amortigua el impacto de unidades defectuosas

4. Protege contra interrupciones de la producción: ausencia de operarios, fallo de maquinaria, etc.

Pero estas supuestas resoluciones de problemas son falsas y los inventarios dan como resultado un peor rendimiento y mayores costes. En Lean, el stock se considera un mal absoluto, es absolutamente necesario eliminarlo y existen medidas que se pueden adoptar para ello.

6. Movimientos (de personal)

Cualquier movimiento o desplazamiento de los operarios mientras trabajan se considera muda. Por ejemplo ir a buscar una determinada herramienta, apilar productos o ir a comprobar algo. Para los movimientos específicos de la tarea, los estudios de métodos y tiempos son de gran utilidad. Para los desplazamientos de la persona, basta simplemente con hacer un diagrama de movimientos, también llamado *spaguetti diagram*.

7. Defectos

Producir piezas defectuosas significa que hay que volver a procesarlas para eliminar los defectos, o bien desecharlas. Todo esto implica un consumo adicional de recursos, tiempo y dinero, que se podrían ahorrar haciendo las cosas bien a la primera. Esta es una de las claves de la filosofía Lean y una de las más difíciles de conseguir. La veremos en detalle un poco más adelante pero podemos adelantar algunos aspectos. El hecho de que hacer las cosas bien a la primera sea más eficiente y económico resulta muy contra-intuitivo. Esto es así porque aparentemente las cosas van más lentas que si permitiésemos los errores para corregirlos posteriormente. Sé que es difícil resistirse a la tentación de dejar correr los errores y producir a la mayor velocidad posible, pero si lo haces podrás comprobar que la intuición primera no era cierta: producir bien a la primera es más barato que producir rápido tolerando errores. Por supuesto no es fácil de conseguir, se necesita esfuerzo y dedicación, pero seguro que ya estamos dedicando mucho esfuerzo y dedicación en nuestro día a día.

Existen herramientas que nos ayudan a conseguir este objetivo y que veremos en este libro. Como con todo lo demás, sugiero al lector que no crea en sus suposiciones, sino que las someta a ensayo y las contraste con los resultados (método científico). Se sorprenderá de la cantidad de presunciones falsas que tenemos adquiridas.

8. El 7+1. Capacidad de los empleados no utilizada

Este octavo tipo de muda (la 7+1) no fue listado por Ohno. Apareció por primera vez en The Toyota Way, de Jeffrey Liker y hace referencia al desperdicio en nuevas ideas, nuevos métodos y nuevas mejoras que se pierden por no motivar y/o escuchar a los empleados. La colaboración activa de todo el personal de la compañía es imprescindible para conseguir resultados excelentes. No es lo mismo 2.000 directivos pensando y ordenando que 300.000 personas colaborando orientadas hacia un objetivo común. Los primeros no tienen absolutamente nada que hacer contra los segundos.

Tipo Muda
1. Sobreproducción
2. Esperas
3. Transportes
4. Sobreprocesamiento
5. Inventarios
6. Movimiento
7. Defectos
7+1. Capacidad no aprovechada

A medida que consigamos eliminar muda de nuestro proceso de producción más eficiente estaremos haciendo nuestro sistema. Esto significa que podremos hacer lo mismo pero con muchos menos recursos de los que necesitábamos antes, e incluso con una mayor calidad. Las ventajas de esto son evidentes.

¿Tengo yo muda?

La mayoría de personas piensa que sus procesos, aunque pueden llegar a tener algún despilfarro, este no debe ser muy alto. Error. A continuación presento un gráfico que representa la proporción de despilfarros, o muda, que suele haber en un sistema cualquiera.

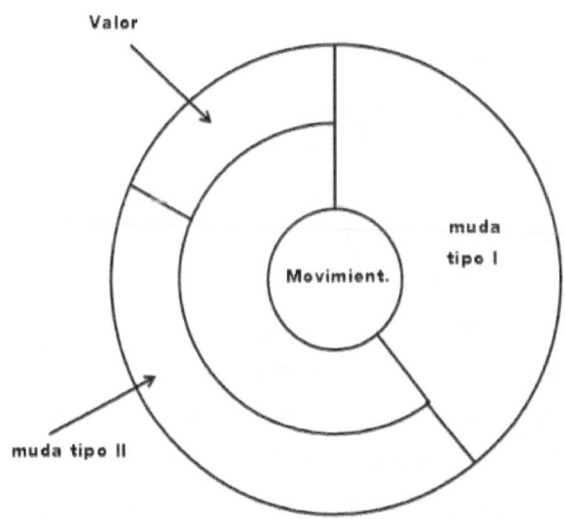

Como se aprecia, de todas las actividades que se llevan a cabo en cualquier proceso, aproximadamente ¡el 80% es despilfarro! Esto quiere decir que la eficiencia de los procesos que actualmente tenemos en marcha en nuestras empresas está por los suelos y que simplemente con eliminar algo de despilfarro, aunque sea un poco, los beneficios ya serán notables. Además nos indica que disponemos de un amplio margen de mejora (imagina la cantidad de despilfarros que tenemos por eliminar).

Al ver este gráfico, nuestra percepción del potencial de Lean empieza a cambiar drásticamente. Comenzamos a ver que podemos hacer las cosas mucho mejor y con bastante menos esfuerzo del que necesitamos ahora. ¿Quién se resiste a esta mejora?

Observa el siguiente caso ilustrativo de una situación habitual en la industria narrado por Jeffrey Liker en "The Toyota Way":

Descubrí un ejemplo increíble de todo esto mientras hacía de consultor en un fabricante de tuercas de acero. Los ingenieros y directivos me aseguraron que su proceso no se podría beneficiar de la producción Lean porque era muy simple. Llegaban bobinas de alambre y se cortaban, se conformaban, eran tratadas térmicamente y colocadas en cajas. El material fluía a través de máquinas automáticas a un ritmo de cientos de tuercas por minuto. Cuando seguimos el flujo de valor (y de no valor), sus declaraciones resultaron cómicas.

Empezamos en el muelle de entradas y cada vez que creía que el proceso ya había finalizado, recorríamos de nuevo toda la planta hacia la siguiente operación. Las tuercas, en un momento dado, abandonaban la planta durante unas cuantas semanas para ser tratadas, porque la dirección había calculado que subcontratar el tratamiento térmico era más económico. Cuando todo estuvo analizado, el proceso de fabricación de tuercas, que representaba unos pocos segundos en la mayoría de las operaciones, con excepción del tratamiento térmico que tardaba unas cuantas horas, llegaba a alargarse semanas o incluso meses. Calculamos el porcentaje de valor añadido para diferentes líneas de producto y obtuvimos cifras entre un 0,008% y un 2,03%.

Y ¡atención! Para empeorar las cosas, las paradas y averías de las máquinas eran un problema frecuente, a consecuencia del cual se acumulaban grandes materiales alrededor. Algunos directivos avispados habían calculado que subcontratar los trabajos más profesionales era más barato que contratar a gente a jornada completa. Por eso a menudo no había nadie para arreglar una máquina estropeada, abandonada sin un buen mantenimiento preventivo. Los rendimientos locales eran potenciados a costa de ralentizar el flujo de valor, que le creaba grandes cantidades de inventarios en proceso de piezas acabadas y hacía perder mucho tiempo en la identificación de los problemas (defectos) que reducían la calidad. Como resultado la planta tenía una flexibilidad nula respecto a los cambios en la demanda del cliente".

Muda: Tipo I y Tipo II

Hay dos tipos de despilfarros: aquel que no se puede eliminar de forma inmediata (llamado **muda Tipo I**) y por tanto hay que reducirlo hasta que se pueda eliminar del todo (normalmente son debidas a diseños ineficientes), y otro que sí puede ser eliminado sin problemas de forma directa (llamado **muda Tipo II**). Ambas aparecen también reflejadas en el gráfico anterior.

Ejemplo de muda tipo I

Aquella que aún no puede ser eliminada, podría ser el proceso de admisión a un hospital. Es un proceso que no aporta valor alguno al paciente, pero que es necesario para el hospital llevar cabo. Por tanto no puede ser eliminado de forma inmediata, pero hay que trabajar para conseguirlo. Mientras tanto, el foco debe estar en reducir al máximo el tiempo y los recursos que consume esa tarea.

Ejemplo de muda tipo II

Aquella que puede ser eliminada de forma inmediata, podría ser el desplazamiento que tiene que hacer un trabajador para alcanzar una herramienta que está en una mesa a un par de metros de él. Simplemente ubicando la mesa con las herramientas más cerca, a la mano del operario, se conseguiría eliminar ese movimiento absurdo.

Mejora tradicional vs mejora Lean

La forma de hacer mejoras que nos han enseñado tradicionalmente consiste básicamente en acelerar los tiempos de procesado por unidad en las máquinas, aunque eso suponga hacer lotes de miles de piezas cada vez, sustituir personas por automatismos o implantar incentivos individuales por la consecución de objetivos. Y cuando se busca directamente una reducción de costes el camino más directo suele ser despedir gente, bajar la calidad o subcontratar ciertas operaciones buscando una reducción del coste por unidad. En realidad nada de esto supone una mejora en el flujo de valor y por tanto no tendrá incidencia positiva en el proceso, empeorando incluso la situación de partida.

Todo esto está apoyado en gran parte en que hay realmente pocos procesos que sean de valor añadido, por lo que mejorar estos procesos no aporta un incremento en el valor final. La reducción de costes se logra mediante la mejora de los procesos, esto es, eliminado actividades que no aportan valor, y no al revés. Sin una mentalidad Lean, es imposible ver estas oportunidades de mejora.

La reducción de costes se logra mediante la mejora de los procesos, esto es, eliminado actividades que no aportan valor, y no al revés.

El caso de despedir a personas para reducir costes es muy habitual, como seguramente sabrá el lector. Pero si despedimos a personas porque hay un descenso en los pedidos, cuando estos vuelvan a subir necesitaremos volver a contratarlos porque en realidad el proceso no ha mejorado. La productividad sigue estancada, cuando no en descenso. Sin embargo, si mejoramos los procesos mediante la eliminación de despilfarros, la productividad se disparará y liberaremos abundantes recursos que podremos asignar a otras tareas.

Hay además un factor fundamental con respecto al ajuste de costes por la vía de la reducción de personal que no se tiene en cuenta en la mentalidad tradicional y que tiene efectos devastadores a medio y largo plazo: la desmotivación y la pérdida de confianza. Cuando una empresa decide despedir a personas, normalmente despide a los más baratos. Esto suele incluir a personas que se han esforzado mucho en ayudar a la compañía en su actividad. Los compañeros de trabajo de estas personas suelen ser muchas veces amigos personales, se conocen las familias, etc. ¿Qué crees que pensarán de la empresa y de su forma de actuar cuando vean que han dejado en la calle a un amigo y piensen que los siguientes pueden ser ellos? ¿Crees que las personas que se han quedado en la empresa van a colaborar con ella o más bien harán estrictamente lo justo y necesario? El efecto de esta medida es claro: pérdida de la confianza y desánimo. Y a medio y largo plazo este efecto es devastador.

En una ocasión fui testigo de la siguiente situación. La *empresa X* decidió despedir a uno de los responsables de departamento y lo fue bajo la excusa de baja productividad. Resultó que esta persona tenía muy buenas relaciones con sus compañeros de departamento y estos quedaron muy molestos con la medida por los daños y la traición que ellos entendían que suponía. ¿Qué hicieron? Obtuvieron los datos de productividad media de los últimos años y pactaron entre ellos que nadie superaría nunca esa productividad media. De esta forma nunca podrían ser despedidos por causa de baja productividad, ya que los datos estaban de su parte, y tampoco colaborarían lo más mínimo con el avance de la empresa. Nunca más se hizo una sola mejora en esa empresa: todas las iniciativas de mejora sólo partían de forma unilateral de la dirección y eran saboteadas una y otra vez por los trabajadores. ¿El resultado? Tres años después la empresa se declaró en quiebra. Tan triste como cierto. Sirva esta historia real para ilustrar la fuerza de la confianza y del compromiso entre todos los miembros de una organización.

Capítulo 5. Métodos y técnicas para identificar y eliminar despilfarro

Flujo continuo de una pieza

"¿Qué ocurre cuando vamos al médico? Normalmente pedimos una cita con unos días de anticipación, luego llegamos a la consulta en el día y hora acordada y nos sentamos en una silla en la sala de espera. Cuando el doctor nos visita, normalmente más tarde de la hora programada, él o ella emiten un juicio respecto a cuál será probablemente el problema. Luego se nos encamina al especialista adecuado, posiblemente otro día y desde luego después de pasar por otra sala de espera. El especialista pedirá que nos hagamos algunas pruebas, que exigirán la utilización de un equipo de laboratorio adecuado, y, de nuevo, con la consiguiente espera y una nueva visita para revisar los resultados. Entonces, si la naturaleza del

problema es clara, habrá llegado el momento de someterse al tratamiento adecuado, que tal vez conlleve otra visita a la farmacia (y otra cola de espera), quizás una nueva visita al especialista para seguir un procedimiento complejo (completada con la espera). Si no estamos de suerte y necesitamos de tratamiento hospitalario, entramos en un mundo totalmente nuevo de departamentos especializados, procesos desconectados entre sí y más esperas." - Extraído del libro Lean Thinking.

Apliquemos este caso a uno real vivido por mí: una visita al médico de familia. Pondremos en una lista los pasos o procesos por los que he pasado en mi visita médica:

1. Llamar por teléfono para coger cita (3 minutos)

2. Espera hasta el día y hora de la cita (21 horas, 14 minutos)

3. Desplazamiento hasta el centro de salud (7 minutos)

4. Espera en la consulta para ser llamado (22 minutos)

5. Consulta con el médico (6 minutos)

6. Desplazamiento hasta la farmacia (4 minutos)

7. Cola de espera en la farmacia (9 minutos)

8. Atención en la farmacia (3 minutos)

9. Desplazamiento hasta casa (6 minutos)

Tiempo total de proceso: 22 horas, 14 minutos.

Actividades de valor: dos (la 5 y la 8).

Tiempo efectivo o de valor: 8 minutos.

Ratio de eficiencia (tiempo de valor/tiempo total): 0,006%.

Es decir, el 99,994% ha sido despilfarro. Esta es la consecuencia del pensamiento en lotes y colas, donde lo que se busca es maximizar el tiempo de utilización del médico a costa del deterioro del sistema. ¡El que presta el servicio es el sistema, no el médico! Sin embargo, como hemos podido ver en nuestro ejemplo, la solución no está en hacer que el médico trabaje cada vez más y esté cada vez más sobrecargado para poder atender a un mayor número de pacientes, sino en eliminar todo el despilfarro que hay en el sistema y que absorbe casi todos los recursos y permitir fluir al valor y desarrollar un sistema eficiente. Es un cambio de enfoque radical que para ser comprendido necesita un cambio de mentalidad.

¿Cómo funciona el flujo de una sola pieza?

Lo que se persigue es que sólo se produzca lo que el cliente demande. Si no demanda, no se produce. De esta forma nos acercamos al modelo de un supermercado que cuando un cliente compra un producto, el sistema lo repone inmediatamente. Si no compra, no se repone nada. Nada de inventarios en curso, ni final, ni inicial. Nada de producir cada día a todo trapo "que ya se venderá como se pueda".

Cuando un cliente retira un producto, este "tira" de toda la cadena productiva y cada etapa procesa un nuevo ítem y lo deja terminado a la espera de que un nuevo cliente vuelva a retirar otro. Mientras tanto la cadena está parada: si el cliente no retira nada, nadie produce nada.

Operar con flujo continuo de una pieza en una cadena de valor es un pasaporte directo a una mejora nunca antes soñada. Pasar de un sistema push a uno en flujo reduce el tiempo total de producción un 90%, mejora la calidad entre 2 y 6 veces, reduce el espacio necesario un 50%, mejora la productividad de toda la cadena entre un 200-500% y reduce los costes casi a la mitad.

La característica principal del flujo continuo de una sola pieza es que los procesos están todos enlazados entre ellos de forma tal que si uno de ellos falla, inmediatamente se refleja en los demás. Probablemente el lector esté pensando que es mejor subir mucho el nivel de los inventarios para así evitar que cualquier imprevisto pueda hacernos daño (retrasos en los pedidos, problemas en producción, etc.): no es cierto. Mantener inventarios altos nos hace cada vez más ineficientes, más rígidos, con problemas acumulándose sin resolverse, y con unos costes cada vez mayores cuyo origen se nos hace imposible de identificar.

He encontrado a personas que me han dicho que es una temeridad implantar un flujo que pueda pararse en cualquier momento como causa de algún problema en una máquina o por falta temporal de algún suministro. Curiosamente me lo decía mientras su empresa con grandes inventarios estaba a punto de quebrar. Bien, no es así. Es cierto que no es fácil pero existen muchas herramientas para controlar estos posibles inconvenientes. Pero tener un proceso que opere en flujo continuo es la primera garantía del camino hacia el éxito.

Es claro que la presencia de stock puede resolver algunos problemas fácilmente, por ejemplo una rápida respuesta a una demanda imprevista, amortiguación ante unidades defectuosas o interrupciones en la producción. Pero existen otras formas de solventar esos problemas sin necesidad de mantener stocks y los altos costes que estos acarrean. Con un sistema flexible, con tiempos de cambios de setup cortos (SMED), con una producción sincronizada interna y externamente y con calidad asegurada en la fuente, podemos resolver los inconvenientes anteriores con una reducción de costes de un 40-50%. ¿Hay truco? Pues sí, hay truco y es que nadie ha dicho que sea fácil de conseguir. Requiere constancia en el propósito, liderazgo y mucho trabajo y dedicación. Curiosamente no requiere apenas de capital: es más una labor de trabajo que de dinero.

Metodología Lean: Fácil de decir, difícil de hacer

Cuando hablamos de inventarios estamos también refiriéndonos al trabajo en proceso –WIP-. No tiene sentido disminuir los inventarios inicial o final si es a costa de incrementar el WIP o de trasladarlos a los proveedores.

Just in Time/Kanban: El sistema pull

El objetivo de un sistema pull es que sólo se produzca lo que el cliente esté demandando en cada momento.

Nada más. Y para eso nos ayudamos de unas tarjetas llamadas kanban. Los kanban conectan todos los pasos de un proceso de tal forma que no operen en forma aislada. De esta forma, se sincroniza la producción con la demanda real de los clientes, produciendo a cada momento lo que se necesita.

Cada producto final lleva anexo un kanban y cuando un cliente lo retira ese kanban queda libre y se envía a la etapa anterior del proceso. Cuando llega allí, representa una orden: prodúzcase una unidad. Si no llega ningún kanban, evidentemente no se producirá nada. De esta forma, esta última etapa del proceso produce una nueva unidad a la que anexa el kanban, y esta unidad repone la que el cliente se llevó. Ahora esta última etapa, como ha enviado una unidad a producto final, necesita reponerla ella también, por lo que envía un kanban al proceso anterior para ordenar que se produzca una unidad. Y así sucesivamente hasta el comienzo de la cadena. De esta forma todo el proceso funciona como si estuviera unido por una cadena de bicicleta: si uno da un paso adelante, todos los demás lo dan también.

Con esto conseguimos pasar de un sistema de reabastecimiento por estimación, a uno donde sólo se reabastece cuando se ha retirado un producto, evitando los inventarios. A veces se le ha llamado "sistema de sustitución": vendo uno, produzco uno. El proceso por lo tanto es al revés del tradicional. Si tenemos un proceso de 4 pasos o etapas, la secuencia de órdenes sería la siguiente:

cliente -> 4ª etapa -> 3ª etapa -> 2ª etapa -> 1ª etapa

Esto es un sistema pull, o tirado por el cliente, al contrario del tradicional push, donde la primera etapa produce lo máximo que puede y lo envía (empuja) a la siguiente y así sucesivamente.

Si cada kanban está anexo a una unidad, conocer el número total de kanban que tenemos en el proceso nos permite conocer de forma automática el inventario total: justamente el número de kanban, ya que cada uno está anexo a una unidad. De esta forma siempre tendremos bajo perfecto control el inventario total en el proceso. Si queremos reducirlo, sólo hay que retirar algunos kanban (ojo, esta acción supone la introducción de estrés en el sistema, por lo que solo debe ser adoptada cuando la situación efectivamente lo permita). Cuando hay una gran distancia entre dos etapas del proceso, los kanban pueden ser electrónicos, enviando una señal inmediata mediante sistemas telemáticos. Igualmente, un kanban puede ser anexado a un grupo de piezas, en vez de a una sola: es lo que se conoce como un pitch. De esta forma, cada kanban representa, digamos por ejemplo,

20 piezas que son justo las que caben en el cubo o caja específicamente diseñado para albergar este número de piezas. Esta opción es la más habitual.

A modo de resumen, podemos listar en cuatro los principales objetivos de los kanban:

1. Prevenir la sobreproducción

2. Son instrucciones de producción específicas y concretas entre procesos basadas en un sistema de sustitución

3. Sirve como sistema visual de control de la producción.

4. Es una herramienta de mejora continua.

Nivelado/Heijunka

Cuando afrontamos una demanda que sube y baja de forma brusca, y además lo hace de forma continua, es imposible crear flujo continuo o estandarizar nada. La única forma en la que podemos conseguirlo es consiguiendo un mínimo de estabilidad. Debemos poner una especie de estabilizador entre la demanda del mercado y la planta de producción. A este estabilizador se le llama "Heijunka", palabra japonesa que viene a significar algo así como nivelado de la producción tanto en cantidades como en mix de producto.

El objetivo es que la planta de producción pueda operar de forma estable, al mismo tiempo que satisface la demanda del mercado. Para lograr esto es necesario nivelar la carga de trabajo. Cuando hablamos de la necesidad de nivelar la carga tanto en cantidades como en el mix nos referimos a lo siguiente: imagine el lector que necesita producir 20 unidades del producto A, otras 20 del producto B, y otras 20 del producto C. Bien, una opción podría ser producir en tres días de la siguiente forma:

Día 1: AAAAAAAAAAAAAAAAAAAA

Día 2: BBBBBBBBBBBBBBBBBBBB

Día 3: CCCCCCCCCCCCCCCCCCCC

Es decir, producir todas las unidades del producto A, luego todas las del producto B, y finalmente todas las del producto C. Esto es la producción en masa y traerá todo tipo de problemas. Sin embargo, una producción nivelada en cantidades y en mix sería algo como esto:

AAABBBCCC-AAABBBCCC-AAABBBCCC- .... – *AAABBBCCC*

Aquí producimos tres unidades de cada producto y cambiamos al siguiente. Mientras más nivelada esté la carga de trabajo más rápidamente podremos responder a diferentes requerimientos de los clientes, más acortaremos el lead time (tiempo que se tarda una unidad en recorrer todos los pasos de producción, o dicho de otra forma, el tiempo que tarda en producirse una unidad desde la materia prima hasta que queda terminada), y menos inventario de producto terminado necesitaremos. Pero nivelar no es algo sencillo ya que provocará una mayor necesidad de cambios de utillaje en las máquinas y exige que todos los componentes necesarios para ensamblar cada producto estén disponibles justo en el momento que se necesitan. La recompensa será la eliminación de grandes cantidades de despilfarros a lo largo de todo el sistema.

Y una nivelación todavía mejor sería esta:

ABC-ABC-ABC-ABC-ABC- …. - ABC-ABC-ABC-ABC-ABC-ABC

Aunque esta está al alcance de muy pocos, no cabe duda que es el ideal al que esta empresa imaginaria que hemos ideado debe aspirar.

Estandarización: la gran incomprendida

"Sin estándar no hay mejora" T. Ohno

La estandarización es la base para la mejora. Sin ella no es posible mejorar. Se trata de otra idea bastante contraintuitiva debida a la mala praxis que hemos tenido en occidente con la estandarización. De lo que aquí hablamos nada tiene que ver con lo que habitualmente conocemos como estandarización en occidente.

Tradicionalmente la estandarización es algo rígido, inflexible, que elimina la capacidad de los empleados y los limita a meras "máquinas de producir", que no permite la creatividad y que lastra a la empresa. Aquí hablamos de algo totalmente distinto: de algo flexible, que fomenta la creatividad y la participación de los empleados y que hace mejorar a la empresa de forma continua. ¿Cómo es esto posible?

Para poder mejorar un proceso necesitamos que ese proceso sea estable y repetible: esa es la base para conseguir flujo y pull. Pondremos un ejemplo para ver cómo funciona la estandarización en Lean.

Si tenemos un proceso cualquiera y cinco empleados trabajando en él, si dejamos a cada empleado libertad absoluta para decidir la forma en la que hacerlo, seguramente cada uno lo hará de una forma distinta. Pero uno de ellos será el que mejor lo haga. Bajo la guía de la dirección de la empresa, y si la forma en que lo hace el mejor de todos es satisfactoria con los principios de aquella, será escrita y enseñada a todos los demás para que todos lo hagan igual, es decir, de la mejor forma conocida. Pero aquí no hay nada cerrado: el estándar sigue abierto. Siempre. Si alguien descubre una mejora al proceso ya estandarizado, se prueba y si supera la prueba, inmediatamente se cambia el estándar a uno nuevo que ya incluye esta mejora y se vuelve a comunicar a todos (incluso a otras plantas: esta actividad se llama Yokoten). Y así sucesivamente. Y el estándar nunca es definitivo y nunca está cerrado: siempre abierto a adoptar las nuevas mejoras descubiertas por pequeñas que estas sean. De esta forma el proceso cada día mejorará un poco, y al cabo de unos años, la eficiencia del proceso será casi inalcanzable por la competencia. Es la forma de garantizar que todos hacen las cosas de la mejor forma conocida hasta ese momento.

La participación de los empleados aquí es fundamental: son ellos quienes están en contacto diario con su propio trabajo, por lo tanto nadie mejor que ellos para proponer mejoras. Para conseguir este nivel de implicación necesitaremos remover muchos de los hábitos que hemos arrastrado desde hace años, como la gestión por cifras, los despidos por mejoras o el famoso "usted no está aquí para pensar, sino para hacer lo que se le dice". Este punto es crítico y nunca insistiré en él lo suficiente: sin la implicación de los empleados esto no funciona.

Control visual: deja de esconder los problemas

Los seres humanos somos muy visuales. Podemos entender mejor las cosas si las vemos. Sin embargo, cuando a veces paseo por alguna planta no puedo ver más que inventario acumulado en cualquier rincón, trabajadores escondidos detrás de enormes máquinas e incluso camuflados con un mono del mismo color, herramientas acumuladas en cajones o sobre una mesa cualquiera, etc. Pero para poder ver los problemas inmediatamente una vez que se producen es esencial que todo sea muy visual, de tal forma que sólo con echar un vistazo podamos saber si la cosa está yendo bien o no, si hay algún problema, o si la producción va por delante o por detrás de lo previsto. En definitiva el objetivo es que sea rápidamente visible por todos si existe alguna desviación respecto al estándar.

Por ejemplo los inventarios. De un solo vistazo debe saberse si alguno está cerca del punto de pedido, si hay suficiente, si hay exceso o si está se está consumiendo stock de seguridad. Esto lo podemos conseguir pegando carteles de colores a las alturas deseadas para el stock de seguridad, el punto de disparo, etc. o bien cogiendo un bote de pintura y pintando rayas de colores en la pared a distintas alturas. Para ello es esencial el orden y la limpieza. Si un lugar no está bien limpio y ordenado es imposible ver nada. Lo mismo pasa con los puestos de trabajo, deben estar siempre limpios y ordenados y eso es tarea de aquellos que trabajan allí: cuidar su lugar de trabajo (una buena técnica es dedicar un pequeño tiempo antes y después del turno de trabajo a actividades de orden y limpieza: con 5-10 mintos será suficiente). Si mantenemos los problemas ocultos, crecerán como una bola de nieve y para cuando queramos darnos cuenta nos habrán estallado en la cara y entonces ya no será un problema sino una crisis que mantendrá ocupada a la dirección apagando fuegos aquí y allá. En lugar de eso, hay que hacer que los problemas salgan a la luz rápidamente para que podamos actuar en un corto espacio de tiempo y evitar el efecto bola de nieve.

Hoy en día estamos presionados por informatizar todo: papeles cero, parece ser el lema. Sin embargo esto no suele ser recomendable ya que todo está oculto en un sistema informático. De un solo vistazo debes poder saber, incluso uno que acabe de aparecer por allí, si ha surgido cualquier problema en algún sitio. La tecnología tiende a mantener ocultos los problemas y eso es un gran handicap. A los robots no les importa si la planta es visual o no y el hecho de que un trabajador deba desplazarse de su puesto de trabajo para toquetear un ordenador para consultar cualquier cosa, que encima luego hay que descifrar, no contribuye a la mejora. Mantén todo a la vista y claro.

Los colores se usan mucho en Lean: sobre todo el rojo y el verde. Seguramente el lector no necesita que le aclare que significa cada uno: el rojo indica que algo va mal y el verde que todo sigue el estándar. Sencillo ¿verdad? Si en un puesto de trabajo ves una luz roja ya sabes inmediatamente que está teniendo algún problema y necesita ayuda.

La pizarras también son muy utilizadas en Lean. En ellas se va escribiendo, junto al estándar, la producción que se va haciendo cada hora (la cantidad de tiempo depende de varios parámetros y suele ser distinta, habitualmente menor a una hora). Así que con tan solo mirar la pizarra el jefe del grupo sabe inmediatamente si esa célula va por delante, por detrás o al ritmo del estándar (si hay kanban en el proceso también nos da esta información).

También es habitual el uso de un *toolboard* o cuadro de herramientas. Es un panel que tiene pintadas las formas de las herramientas de tal forma que con tan solo mirar, el operario puede saber si falta alguna y exactamente cuál. Esto evita los minutos perdidos en buscar herramientas en un cajón, luego en otro, luego en otro de más allá, etc. Creo que todos conocemos esa sensación.

Una vez llamaron a Ohno para que ayudara con un problema en una planta de un proveedor de Toyota. Estuvo mirando en silencio una estación de trabajo durante unos diez minutos. Al cabo de ese tiempo, el gerente le preguntó: "¿qué ve usted señor Ohno?" y Ohno rugió: "¡Llevo diez minutos mirando y he sido incapaz de saber si la producción va por delante o por detrás! ¡Me sorprendería que fuesen ustedes capaces de hacer dinero con esta planta¡".

La gestión visual es un factor esencial para hacer visibles los problemas. Sin ellas estos permanecerían ocultos y nos impedirían eliminarlos. La gestión visual nos facilita la vida y hace los problemas visibles rápidamente para que puedan ser resueltos. Es una de los principales claves de Lean.

La tecnología en Lean

Usa solo tecnología fiable, absolutamente probada y al servicio de las personas y procesos

El proceso siempre tiene prioridad sobre la tecnología. Grabe a fuego este lema en su mente. Las personas nunca deben ser sirvientes de la tecnología, sino al contrario: la tecnología está para servir a las personas y ayudarlas a hacer mejor su trabajo.

El proceso siempre tiene prioridad sobre la tecnología.

Es muy habitual que alguien te diga que va a comprar un software que le va a solucionar los problemas con los inventarios y que va incrementar sus ganancias. Un año después la cosa no ha sido así (salvo para el que le vendió el software). Antes de introducir ningún tipo de tecnología debes estudiarla de forma concienzuda y asegurarte de que no contraviene ninguno de estos principios. Sólo entonces podrá plantearse su implantación. No pongas en riesgo el flujo o la gestión visual, por poner dos ejemplos, por instalar un software nuevo que nadie sabe a ciencia cierta cuál será su impacto en los procesos y en las operaciones.

Nuevamente este es otro concepto totalmente contraintuitivo, y seguramente hasta que no vemos el resultado con nuestros propios ojos no estaremos del todo convencidos. Y hacemos bien: debemos ver siempre las cosas en una situación real y no fiarnos de lo que la gente dice (ni siquiera de lo que yo estoy diciendo aquí). Prueba por ti mismo y comprueba en primera persona los resultados. Hasta que no comprendas de forma concienzuda y precisa los flujos de valor en los procesos de tu empresa, ¡huye de la tecnología! Adopta sólo aquella que esté ampliamente probada y que no contravenga ninguno de estos principios. El uso de una nueva tecnología debe dar apoyo al personal a los procesos y a los valores, y no al revés.

No se trata de ser anti-tecnología. La tecnología está para ayudarnos y es muy útil en muchas situaciones (te lo dice un ingeniero). Si la tecnología cumple con los requisitos que le hemos impuesto, será una mejora, pero si no los cumple te causará más perjuicio que otra cosa. Sé muy cuidadoso en este sentido.

Capítulo 6. Respeto a las personas: el pilar perdido

Construimos personas, no automóviles

Este es el famoso lema de Toyota. Para Toyota las personas son realmente el mayor activo que poseen. Lo saben y lo cuidan. Como con cualquier otra cosa en la vida, mientras más inviertes en algo, más resultados dan, y las personas no son distintas. No tiene nada que ver lo que aquí veremos con poner en la misión de una empresa que las personas son lo más importante. Estamos hartos de verlo y sabemos positivamente que no es cierto. Poco importa lo que pongamos en el papel. Por el simple hecho de ponerlo no se hace realidad. Y aquí hablaremos de realidad.

Es frecuente escuchar frases como "es muy difícil encontrar gente válida" o "como pagamos poco, la gente es de perfil bajo" o "tengo que estar como una niñera detrás de los trabajadores para que hagan las cosas". La imagen que se tiene es que la gente es el problema, cuando, aunque parezca difícil de creer, ¡el problema es el sistema, no en la gente!

El pilar perdido

A veces pretendemos que construir empresas excelentes sin contar con las personas. O dicho de otro modo, como si estas fuesen robots. A veces pretendemos que las personas funcionen como tales, haciendo lo que tienen que hacer, aquello para lo que han sido programados, sin que sea necesario repetirle dos veces algo, operando según los parámetros prefijados, y de vez en cuando, actualizar el software para hacer alguna mejora en el rendimiento. La única misión de los líderes es mantener a los robots haciendo lo que tienen que hacer. Esta visión es un error y trae consecuencias por todos conocidas.

Y esta visión es la que distingue a unas organizaciones de otras. Unas donde las personas son tratadas como robots, y otras donde son desarrolladas, desafiadas a dar lo máximo, y se les permite ser felices y sentirse realizadas. Unas donde los resultados nunca llegan y otras donde siempre llegan. Aquí está la diferencia.

Desarrolla personas y equipos excelentes

Una de las grandes diferencias entre una empresa que siga los principios Lean y el resto es su fuerte cultura interna. Las herramientas siempre están ahí y pueden ser utilizadas por cualquier empresa, no hay misterios en esto, pero lo que marca la diferencia es la cultura (también llamado a veces el ADN de la empresa). Desde luego, cuando todo el mundo comparte una filosofía, una forma de hacer y de pensar, y todos apuntan hacia el mismo objetivo, la fuerza que es capaz de desencadenar es extraordinaria.

El problema es que es muy difícil conseguir esto. Evidentemente todo el mundo lo quiere, no hay más que leer las misiones de muchas empresas, o escuchar a muchos de sus directivos. El problema aquí no está en poner algo en un papel o decirlo en público: el problema está en que hay que vivir esa filosofía. Debemos saber que lo único importante es que todos los miembros de los equipos participen de esa filosofía. Y eso, además de tiempo, es una tarea muy difícil porque no se trata de que los empleados sigan lo que marque la dirección: no es eso. Se trata, como decíamos antes, de una forma compartida de hacer y de pensar, en la que cada miembro se siente parte partícipe de una cultura.

Desarrolla a proveedores y socios

Cualquier empresa que entre en contacto con una empresa Lean, pasa automáticamente a ser una parte de ella, una extensión. El concepto de integración de la cadena de suministro, por ejemplo, alcanza aquí todo su esplendor (ese que en occidente llevan casi 10 años buscando). Se trata de desafiar y ayudar a esas empresas a ser mejores cada día y a vivir en la filosofía de la excelencia y de la mejora continua. Esta es la mejor forma de mostrar respeto.

En una de sus conferencias, Takashi Tanaka, ingeniero de Toyota Engineering y uno de los responsables del desarrollo del sistema de gestión visual para el desarrollo de productos que hoy es estándar en Toyota, decía lo siguiente: *"Nosotros trabajamos con nuestros proveedores como una familia"*. Como se puede apreciar es un enfoque completamente distinto.

En lugar de fomentar las relaciones con los proveedores únicamente en base al precio, se hace necesario trabar una relación a largo plazo, donde se esté retando continuamente a mejorar, colaborando en todo aquello necesario más que juzgar desde un despacho si el proveedor lo está haciendo bien o mal. Romper las fronteras físicas y burocráticas de la compañía para abarcar toda la cadena de suministro y trabajar en base a la confianza, más que en el precio.

Capítulo 7. Kaizen: el viaje sin fin

Kaizen: Everybody improvement, everyday improvement, everywhere improvement. Masaaki Imai

Kaizen es una palabra japonesa que ha sido traducida como "mejora continua". Sin embargo esta traducción es algo inexacta y puede llevar a equívocos. Masaaki Imai, el padre de la mejora continua, fue el primer autor en escribir sobre este concepto. Trabajó junto a Ohno y este le tenía gran aprecio y estima por su capacidad y conocimientos. En palabras de Imai, una definición más exacta de kaizen es la que aparece arriba y es mi preferida.

Así, de esta forma, ampliamos el concepto y dejamos claro que abarca a todos, en todo momento y en todo lugar. Kaizen no es algo puntual, como a veces se entiende de forma errónea, sino algo que está en todos sitios y en todas las personas. Muchos han otorgado al kaizen el honor de ser la clave del milagro japonés, y no le faltan razón (el propio Imai es uno de ellos). Y en Lean también es una de las claves más importantes de su éxito.

Es interesante subrayar la parte de la definición que habla de las personas: kaizen es asunto de todos. La mejora no puede ser dejada en exclusiva a los gerentes, o a los trabajadores, o a la dirección: la mejora es cosa de todos, desde el más alto nivel hasta el más bajo. Por eso encaja más como una forma de pensar más que como una de las funciones del puesto de trabajo. En Toyota, por ejemplo, este concepto está tan arraigado que a menudo, tanto trabajadores como gerentes, ni siquiera se dan cuenta que están pensando en kaizen: está totalmente asimilado. Se trata, por tanto, de que con independencia de donde estemos y de lo que estemos haciendo, siempre debemos buscar mejorar un poco las cosas, no se necesitan grandes saltos, ni grandes inventos que asombren a nuestros compañeros o jefes: se trata más bien de identificar pequeñas mejoras que puedan ser implementadas y puestas en práctica y que nos sitúen un paso más cerca de nuestro objetivo final. El poder de esta forma de actuar es dramático.

Se suele decir que si mejoramos tan solo un 1% cada día, al cabo de un año la mejora habrá sido devastadora. Y es cierto. El problema es que es muy difícil conseguir mejorar un 1% cada día, porque al principio sí que hay muchas cosas por mejorar, pero a medida que vamos avanzando, el avance se hace cada vez más difícil. ¡Pero ahí está la excelencia! Si ser el mejor fuera fácil, lo seríamos todos.

La pregunta que debes hacerte cada día es: ¿qué voy a hacer hoy para ser un poco mejor que ayer?

Kaizen y la innovación

Otro de los principales errores en la interpretación del kaizen es presuponer que es exclusivo y excluyente. No lo es. Los gerentes suelen preguntarme si tienen entonces que hacer pequeñas mejoras incrementales, eso significa que hay que dejar de lado las innovaciones más grandes. No es cierto.

Kaizen no sólo no está reñido con la innovación más cualitativa sino que la fomenta y la sostiene. La mejora ha sido vista tradicionalmente en occidente como una escalera: sólo cada cierto tiempo se produce una mejora radical (innovación) que hace avanzar la situación. En Lean la mejora se ve como una rampa: mejoras continuas, pequeñas e incrementales que producen resultados apenas visibles a corto plazo pero muy potentes y seguros en el medio y largo plazo. A priori podría parecer que ambas pueden avanzar por igual, una a saltos y la otra poco a poco. El problema es que supuesta escalera occidental no es tal. No puede ser tal porque cualquier sistema está afectado por la entropía propia de estos y del entorno: si nada cambia, no permanece constante sino que se deteriora. Por tanto, los supuestos peldaños no son horizontales sino que son líneas descendentes. Lo único que puede hacer mantener esas líneas horizontales es el trabajo de kaizen.

Así mismo, la innovación occidental está íntimamente ligada al gasto y la tecnología, es decir, necesita de ambas para tener la posibilidad de intentar a ver si funciona. Por el contrario, el kaizen no necesita recursos apenas, pero sí mucho trabajo y dedicación. La inyección de dinero no sustituye a estos.

Kaizen como ideal

Ninguna compañía, ni siquiera Toyota, puede mantenerse mejorando todos los días, en todos sitios y por todo el mundo. Pero se esfuerza enormemente en conseguirlo. Es normal que en cualquier empresa, un día cualquiera, las cosas se hagan como el día anterior porque no ha habido tiempo por alguna urgencia o imprevisto, o bien porque se haya descontrolado la carga de trabajo (mura y muri). Es también habitual que pasen algunos días y no se cambie nada, nada mejore o no se hagan propuestas de mejora.

Por lo tanto, es muy difícil hacer kaizen. Pero el secreto está en esforzarnos cada día por hacerlo: debe ser una forma de vivir. Si no podemos hacerlo diariamente, sí que podemos ir anotando las mejoras que se nos ocurren para que no se olviden y proponerlas o estudiarlas en unos días. No más allá. A lo mejor al principio lo haremos cada 7 o cada 15 días, pero debemos ir mejorando también la forma en la que hacemos kaizen: kaizen sobre kaizen. Ese es el reto.

Kaizen es PDCA

No hay mejor forma de mejorar que a través de la aplicación constante del ciclo PDCA. El ciclo PDCA fue aprendido por Deming de su mentor Shewhart, y como seguramente sepas, trata de

1. Hacer aflorar los problemas a la superficie en cada proceso y definirlos cuidadosamente.

2. Comprender la causa raíz.

3. Desarrollar contramedidas.

4. Planificar la implentación (P=plan)

5. Probar (D=do)

6. Analizar y monitorizar cuidadosamente cómo va resultando (C=check)

7. Aprender de lo que ha pasado y volver a hacer ajustes (A=adjust)

Pero existe una diferencia abismal entre usar PDCA como herramienta, o usarlo como filosofía organizacional. Aquí se trata de lo segundo, de utilizar el ciclo PDCA como filosofía, que es donde desata todo su poder. De otra forma, seguiremos anclados en la mentalidad de herramientas, la cual no nos lleva más allá de la mediocridad.

Recuerda que el objetivo que perseguimos al aplicar PDCA no es resolver un problema, sino mejorar un proceso, desarrollar a las personas y sobre todo aprender haciendo. Este es el auténtico objetivo.

Eventos kaizen (weeklongs)

Los denominados weeklongs, o eventos kaizen (en Toyota se llaman *jishuken*) han sido raros en Toyota [*opinión de Isao Kato*], pero sí que han usado. Aun así han llegado a alcanzar fama en occidente y se han convertido en una de las mejores formas para implantar el pensamiento Lean en una empresa u organización cualquiera. También se le conoce como el evento de "cinco días y una noche" porque cuando se hacía en Toyota, en toda la semana se dormía el equivalente a una noche. Se trata de una semana dedicada intensamente a replantear algún proceso, rediseñarlo y ponerlo en funcionamiento con el objetivo de reducir el despilfarro en el mismo.

Es una buena técnica para centrar esfuerzos en la mejora y en occidente ha sido una de las herramientas que mayor aceptación ha tenido, y por tanto es habitual verla en algunas organizaciones.

Es importante comprender que estos eventos no sustituyen el objetivo de *"everybody improvement, everyday improvement, everywhere improvement"*. Es simplemente una herramienta más para acercarnos al objetivo.

La participación en al menos una docena de eventos kaizen, son necesarios para poder adquirir cierta habilidad con ellos. Cuando se alcanza la participación en 100, la transformación habrá sido casi completa.

Para comenzar, cualquier persona debería pasar al menos dos eventos kaizen al año en cada una de las cadenas de valor que tenga su empresa. Esto proporcionará un buen comienzo. Si se dedica más, mejor. Cuando hayamos pasado cinco eventos kaizen por una cadena de valor, habremos eliminado el 90% de la muda, reducido un 90% los errores y defectos, y la tasa de accidentes un 90%. Los directivos, incluido en CEO, deben participar en los equipos de kaizen al mismo nivel que los demás, aunque se trabaje sobre un proceso que ni siquiera pertenece a nuestra división. Además es aconsejable que al menos haya un *team member* y un *team leader* del proceso que se está mejorando.

Kaizen y el status quo

Detengámonos un momento en lo que hemos estado diciendo: kaizen es mejora, de todos, en todos sitios, y todos los días. Bien, si decimos que debemos mejorar, estamos reconociendo que se puede mejorar o que hay espacio para mejorar, que es posible. Pero para mejorar algo hemos de reconocer, consciente o inconscientemente, que se puede hacer mejor de lo que lo estamos haciendo ahora: es decir, que tenemos cosas por aprender.

Admite tus errores. T Ohno

Debemos también asumir que el estado de las cosas cambiará, evidentemente si queremos mejorar algo habremos de cambiar alguna cosa que proporcione esa mejora. De esta forma, una vez hayamos aplicado una mejora, la situación habrá cambiado, aunque sea un poco. Es decir, habrá cambiado el status quo. Podemos decir que nuestro objetivo es justamente ese: cambiar el status quo, cambiar el estado de las cosas para que mañana sean mejores de lo que son hoy, y por absurdo que parezca, para cambiar el status quo hemos de desafiarlo y retarlo, pero no aceptarlo. Es decir, saber que las cosas hoy son como son, pero nuestra obligación es que cambien, que sean mejores. Y esto es muy difícil.

Hacer lo mismo una y otra vez y esperar resultados distintos es la definición de la locura. A. Einstein

Capítulo 8. La Calidad en Lean

La incorporación de la calidad en muchas empresas está pérdida en medio de una legión de detalles burocráticos y técnicos. La ISO9000 ha traído todo tipo de detalles técnicos de procedimientos que en realidad no hacen otra cosa que mantener ocupados a un grupo de personas analizando concienzudamente todo tipo de datos sin sentido ni dirección, y rellenando multitud de papeles por todos lados. Aunque la idea de ISO9000 fuese buena en el fondo, la realidad ha demostrado su absoluta ineficacia más allá de una herramienta de marketing, y ha hecho creer a las empresas que por el simple hecho de poner en un documento todas las normas a seguir, hará que todos las sigan. Y peor aún, creer que todo mejorará simplemente por unir quinientos o setecientos folios en forma de manual. Personalmente, cuando me preguntan qué es la norma ISO siempre respondo lo mismo: una estafa.

Igualmente, seis-sigma ha traído grupos itinerantes de *black belts* que van de una empresa a otra, armados con un arsenal de herramientas estadísticas que usan sin piedad para atacar los principales problemas de calidad.

En Lean las cosas se mantienen más simples y eficientes. Las herramientas utilizadas de forma habitual son pocas y normalmente sin mucha complejidad:

1. Jidoka

2. 5 Why's

3. Las 7 herramientas básicas de TQM

  a. Diagramas causa-efecto

  b. Flow charts

  c. Diagramas de Pareto

  d. Run charts

  e. Histogramas

  f. Diagramas de Scatter

  g. Gráficos de control

4. Poka-Yoke

5. Andon

6. Chequeos de Calidad

Con estas pocas y simples herramientas dispondrás de un arsenal más que sobrado para conseguir niveles de calidad nunca antes soñados. Vamos a verlas todas, excepto las herramientas de TQM, que no son más que las habituales de cualquier curso de ingeniería o estadística, y las puedes encontrar en cualquier libro sobre el tema. Por lo tanto, nos vamos a centrar en las demás (los "5 por qué" los veremos en detalle en el siguiente capítulo).

Jidoka

Jidoka: Acción de parar la producción inmediatamente cuando un error sea detectado, con el objetivo de construir en calidad a la primera. Jidoka también hace referencia a la capacidad de una máquina de pararse sola cuando detecta un error, a menudo llamada autonomatización (automatización con toque humano).

¿Qué hay de distinto en Toyota que hace que de forma sistemática sea mucho mejor en términos de calidad que el resto de fabricantes de coches? La respuesta es jidoka. Cuando surge un problema es mejor parar, ocuparse de él, corregirlo, prevenir su ocurrencia de nuevo y hacer las cosas cada vez mejor.

Es una de las diferencias entre el pensamiento tradicional de la producción en masa y Lean: en la producción en masa el objetivo es cumplir con los números; en Lean el foco está en eliminar despilfarro.

- ¿Estás proponiendo parar la producción cuando surge cualquier error con el coste que eso conlleva?
- Sí.
- ¿No sería mejor seguir produciendo y reparar ese error más tarde en otra área que no interfiera con la producción?
- No.
- Pero si paro la producción constantemente ¿no estaré poniendo en peligro la empresa?
- Sí.
- ¿Entonces?
- Bien, las cosas no se hacen todas en un solo día: hay que ir poco a poco.
- ¿Puedes explicar esto un poco más, por favor?
- En nuestra "mentalidad de herramientas" queremos soluciones rápidas y fáciles, y esto a veces no es posible: nuestro objetivo debe ser hacer las cosas bien. El problema es que si estás funcionando bajo los principios de la producción en masa, el nivel de despilfarros en tus procesos es muy alto, y no puedes quitarlos todos en un día: hay que ir poco a poco.

Cuando tu filosofía está anclada a la reducción de los costes unitarios, tu objetivo será que el trabajo no pare nunca para poder incrementar la producción, implantar mucho control de calidad, reparar los problemas fuera de la línea de producción, usar herramientas como seis-sigma, SPC, etc. Y esto lo harás porque si paras la producción no podrás alcanzar los números, lo cual conlleva a ocultar los problemas y a no explorar sus causas raíces. El resultado será que los problemas seguirán persiguiéndote y que tus costes se habrán incrementado.

Sin embargo, si tu filosofía es la eliminación de despilfarros, querrás conseguir calidad a la primera para evitar retrabajo (tipo de muda), utilizarás calidad en la fuente a la primera, querrás parar para solventar los problemas y evitar pasar piezas defectuosas al siguiente proceso. Todo ello hará que el despilfarro en el sistema se reduzca considerablemente y el rendimiento de la compañía sea mayor.

Jidoka es una prueba de fuego, es la línea que delimita a los que hacen Lean "de palabra" de los que lo hacen de verdad. Es la prueba de los valientes. Y te diré una cosa más: no es nada fácil. Las personas parece que tenemos aversión a reconocer errores, fallos o incapacidad para algo.

La herramienta que se suele utilizar para esto es el andon.

Andon: Herramienta de gestión visual que resalta el estado de la situación en cualquier puesto de trabajo de un solo vistazo. Suele ser un sistema de luces: roja, amarilla y verde. (ver a continuación)

Jidoka es uno de los pilares de la filosofía Lean y su importancia está reconocida desde que Sakichi Toyoda inventó el telar automático: un telar que era capaz de pararse sólo cuando detectaba que un hilo se había roto y por tanto no tenía sentido que el telar siguiera funcionando, ya que todo sería despilfarro al faltar algún hilo, y el tejido sería defectuoso y habría que, o bien desecharlo, o bien deshacerlo y volverlo hacer con la consiguiente pérdida de tiempo y de recursos. Sakichi vendió la patente del telar automático a una empresa inglesa y con ese dinero fundó la compañía de automóviles Toyota.

La idea detrás de este concepto es totalmente contraintuitiva, como casi todo en Lean, pero mucho mejor que las tradicionales. Consiste en que es mucho más económico producir unidades bien a la primera que producir como sea y luego rectificar los errores producidos en una zona especial habilitada para ello.

Desde luego no es fácil conseguirlo, pero las recompensas pagan con creces el esfuerzo. Imagine el lector una planta que produce tres piezas (A, B, y C) que luego se ensamblan. Si en cualquiera de los pasos intermedios del proceso alguien detecta una pieza defectuosa, el propio empleado para la línea de producción para que se solucione la causa que ha provocado ese error, y de esta forma asegurarse que no vuelva a producirse. Sé que si el lector está familiarizado con la industria pensará que parar la línea es una absoluta barbaridad, ¡y menos aún que lo haga un empleado!

En realidad no sólo no es una barbaridad sino que es lo mejor que puede pasar y la mejor forma de ahorrar costes. Y sí, que sea el empleado quién lo haga. Nos han enseñado que la línea de producción no se debe parar nunca bajo ningún concepto ya que el coste de esta parada es astronómico. En realidad es mucho más caro dejar la línea en funcionamiento cuando se están produciendo errores que pararla. Pero como decía es algo totalmente contraintuitivo además de no ser fácil de entender hasta que uno lo ve con sus propios ojos. Es cierto que esto requiere esfuerzos importantes, sobre todo al principio, pero como decíamos, la recompensa paga con creces el esfuerzo. Al principio todo irá lento, pero a medida que se vayan solucionando las causas raíces de los fallos, el sistema será cada vez más eficiente.

Para y resuelve los problemas de forma inmediata. Tal vez la productividad sufra inicialmente, pero a largo plazo serás imbatible. Pruébalo por ti mismo y verás los resultados.

Los "5 por que" como herramienta de calidad

Los 5 por qué es una herramienta que permite hallar la causa raíz de un problema preguntando cinco veces por qué. La veremos con mayor detalle en el siguiente capítulo, pero avanzaremos algunas cosas.

El 90% de los problemas de calidad se pueden resolver simplemente reuniendo al equipo, justo en el momento en que el fallo ha sido detectado, y preguntar por qué cinco veces. Tan simple y poderosa como es, la mayoría de la gente no la usa. Se trata de la herramienta de resolución de problemas más eficiente y sencilla de aplicar, pero no es fácil que se use de forma habitual. La razón no está en la dificultad de la misma, como hemos visto, sino en el modelo mental de las personas, en los hábitos. Pruébala tú mismo y cuéntame los resultados: quedarás asombrado.

Mecanismos Poka-Yoke

Poka-Yoke: Mecanismo a prueba de errores

Se trata de algún sistema, dispositivo o mecanismo que asegura la calidad con un 100% de efectividad. Es decir, elimina por completo los errores. Un ejemplo puede ser el conector USB, el cual sólo pueden encajar en la posición correcta previniendo que sea insertado al revés. Estos mecanismos han de ser económicos y rápidos de implementar. La mejor opción es que el poka-yoke venga ya diseñado junto a la máquina.

Los poka-yoke son la consecuencia lógica de una forma distinta de pensar. Las personas siempre pueden cometer errores, pero nunca lo harán de forma intencionada. Es aquí donde este tipo de mecanismos encuentra su razón de ser. Tradicionalmente buscamos culpar a las personas de los errores y fallos cometidos ("si prestara más atención no cometería tantos errores"). La forma de enfocar esto en Lean es que los errores suceden porque los métodos y el sistema permite que sucedan. Son por tanto un fallo del sistema, no de las personas que hacen el trabajo. Cuando las personas no tienen el foco de la culpa sobre sus cabezas colaboran en crear sistemas más efectivos y en resolver problemas de forma ingeniosa.

"En Toyota es habitual que un manager se disculpe ante un trabajador cuando el trabajador comete un error, porque son los managers los que sostienen la responsabilidad de crear sistemas efectivos que prevengan los errores" J. Liker

La única forma para poder desarrollar este tipo de mecanismos de forma efectiva es comprender a fondo cómo y por qué ocurrió el error, si ha ocurrido sólo una vez o si sistemático, si sólo lo comete una persona o lo cometen todos. No todo error requiere un mecanismo poka-yoke.

La creatividad es un factor importante a la hora de diseñar este tipo de dispositivos. Deben ser económicos, simples, fáciles de implementar y altamente efectivos, y para ello necesitamos una comprensión profunda de la causa que ha originado el error.

No he visto ninguna empresa u organización fuera de Toyota que use este tipo de mecanismos de forma extensiva. En el mejor de los casos, es utilizado un 10-20% de las veces que son necesarios. La clave para su uso extensivo está en la forma en la que pensamos sobre los problemas. Los poka-yoke son sencillos y fáciles de implementar, por tanto ahí no está el problema.

Debes tener cuidado con el tiempo que puede consumir el mecanismo: si para una operación que dura 8 segundos, implantamos un poka-yoke que consume 12 segundos extra, hay que repensarlo de nuevo. Ten presente que este tiempo cuenta para el tiempo de ciclo. Si la cura es peor que la enfermedad, la cura no sirve. Por eso este tipo de dispositivos deben ser simple y económicos: no se trata de recurrir a los últimos avances de la ciencia sino de ser imaginativo para cumplir con los requisitos de coste y facilidad. Huye de sofisticados inventos; mantenlo simple.

Andon

Andon: Herramienta de gestión visual que resalta el estado de la situación en cualquier puesto de trabajo de un solo vistazo. Suele ser un sistema de luces: roja, amarilla y verde.

Si damos un paseo por una planta de Toyota, una de las primeras cosas que nos llaman la atención es la cantidad de paneles de luces que hay. Esto también lo vieron los primeros que quisieron copiar su sistema de producción y pensaron que con poner también paneles con luces de colores conseguirían los mismos resultados. El resultado fue un total desastre.

Los trabajadores disponen sobre sus cabezas de una cuerda de la que tiran cuando se detecta una anormalidad (desviación del estándar). Esta cuerda enciende la luz amarilla del panel. Habitualmente cuando la luz está verde significa que todo está bien. Cuando está amarilla es que se necesita la ayuda del líder del equipo (o equipo de apoyo). Y si está roja es que la producción se ha parado hasta que se solucione el problema detectado. El andon es una forma muy efectiva de hacer los problemas visibles para que sean resueltos. Si no hay una estructura de apoyo al trabajador (él no puede trabajar y resolver un problema a la vez) los avisos en el andon serán ignorados y su utilidad desaparecerá por completo. Una vez más no se trata de la herramienta, sino de la comprensión del propósito.

En Toyota no sólo se ilumina el andon cuando el trabajador tira de la cuerda, sino que también hay un sonido asociado (en este caso es Für Elis, de Beethoven). De esta forma, nuestro oído, que siempre está activo, detecta antes que nuestros ojos la llamada de ayuda del trabajador. Si decides implantar sonidos, ten en cuenta que no debe ser estridente ni molesto. Va a sonar mucho.

Chequeos de Calidad

Es lo que Shigeo Shingo llamó auto-chequeos y chequeos sucesivos. Los auto-chequeos consisten en que es el propio trabajador el que hace la comprobación de calidad de su trabajo.

Tradicionalmente esto se ha considerado inadecuado porque el trabajador podría ser poco riguroso con su propio trabajo y auto-juzgarse poco severamente. Sin embargo es una herramienta muy poderosa que nos va a ayudar en nuestra meta de calidad a la primera en la fuente. En la parte positiva de este concepto está que permite identificar de forma inmediata el error o defecto y permite tomar medidas rápidamente. Esta cualidad es la que le otorga el valor suficiente para ser utilizada.

Los chequeos sucesivos consisten en que la persona del proceso siguiente chequea la calidad del trabajo de la persona del proceso anterior. De esta forma se resuelve de manera brillante el problema que podría conllevar el auto-chequeo si se utilizara este solamente.

El uso de estas dos técnicas de forma conjunta nos permite ser mucho más efectivos reduciendo defectos, principalmente basado en la inspección al 100% mejor que en inspecciones de muestreo y en que podemos identificar el defecto de forma inmediata cuando ocurre, lo que nos permite tomar las medidas correspondientes rápidamente.

Así, cada trabajador tiene tres funciones con respecto a la calidad:

1. Comprobar que las piezas entrantes no tienen defectos.

2. Verificar que su trabajo tampoco tiene defectos.

3. Nunca pasar una pieza defectuosa al siguiente proceso.

Las personas quieren seguir las instrucciones y hacer las cosas bien. Por eso cuando encuentren una pieza defectuosa, deben saber:

1. ¿Qué tienen que hacer?

2. ¿A quién tienen que llamar?

3. ¿Dónde tienen que poner la pieza mientras tanto?

Todo esto debe estar claro, de lo contrario los trabajadores se sentirán confusos e incómodos. No asumas que las personas no siguen las reglas porque no quieren. A lo mejor es que no hay un buen sistema que les ayude a seguirlas.

Calidad en la fuente y Cero Defectos

¿Es posible algún enfoque mediante el cual sea posible eliminar completamente los defectos? Esta pregunta se la hizo Shigeo Shingo en 1967. Y se le ocurrió de repente: ¿por qué no realizar inspecciones justo en la fuente de los defectos?

Recordemos que un defecto se origina a causa de un error en las condiciones de las operaciones que no ha sido detectado; por tanto si detectamos ese error por anticipado, podremos impedir la aparición de defectos.

"Muchas personas sostienen que es imposible eliminar los defectos en cualquier tarea realizada por seres humanos. Este punto de vista se deriva del fallo de no hacer una separación clara entre errores y defectos. Los defectos surgen porque se cometen errores; entre los dos conceptos hay una relación causa-efecto". Shigeo Shingo

Los errores quizás sí que sean inevitables, pero no se convertirán en defectos si se toman las medidas adecuadas. He aquí algunas guías para construir un sistema de "Calidad con Cero Defectos":

1. Utiliza siempre inspecciones en la fuente.

2. Utiliza siempre inspecciones al 100%.

3. Minimiza el tiempo que necesita la acción correctiva.

4. Los trabajadores no son infalibles. Reconoce que las personas son seres humanos y establece mecanismos poka-yoke.

Capítulo 9. Problem-solving: el motor de Lean

Una de las grandes diferencias entre Lean y los métodos tradicionales es esta: la resolución de problemas. Sólo existe una forma de avanzar con paso firme: asumir que no eres perfecto y tu sistema o proceso tampoco. Al no ser perfecto cometerás errores y surgirán problemas y es ahí donde la vida te está brindando la oportunidad de mejorar: ¡Aprovéchala! La resolución de problemas es el motor que impulsa el pensamiento Lean.

Cuando todo sale bien, piensas de forma inconsciente todo es correcto y que por tanto no necesitas mejorar en nada. Pero cuando algo no sale como tenemos pensado se pone de manifiesto la necesidad de buscarle una solución, y es ahí donde surge el aprendizaje y la diferencia entre unos y otros. Decía Capablanca, el gran jugador de ajedrez:

"Cuando gana, un jugador cree que está haciendo lo correcto y no comprende los errores que está cometiendo;

pero cuando pierde aprecia que en alguna parte estaba equivocado e intenta no cometer los mismos errores en el futuro". J.R. Capablanca

Y lo mismo podemos aplicar en nuestras empresas: aquella que aproveche sus oportunidades para buscar soluciones a sus problemas, estará caminando por el sendero de la excelencia.

Imagina que debes ir desde un punto A, a otro punto B. Comienzas a andar y de repente aparece ante ti un muro que te separa de tu objetivo. Tienes dos opciones: Primera, evitar el muro y cambiar de rumbo, o segunda, saltar ese muro y seguir hacia tu objetivo. La primera te desviará, quizás para siempre, del punto B porque cuando termines el rodeo y quieras volver hacia tu objetivo, aparecerá otro muro y tampoco lo saltarás, con lo que nunca llegarás a dónde quieres llegar.

Sin embargo, cuando encuentras una barrera en tu camino, no pienses que tienes muy mala suerte y que no te sale nada, piensa la suerte que has tenido porque la aparición de barreras es la señal de que vas por el camino correcto, y que cuando la saltes, porque la saltarás, estarás un poco más cerca de tu objetivo.

De esta segunda forma es cómo se ven las cosas en Lean. Cuando aparece una barrera que te separa de tu objetivo, no das la vuelta: te alegras de que haya aparecido y te pones manos a la obra para comenzar a saltarla. Esa misma barrera se la habrán encontrado muchos otros y te puedo garantizar que la mayoría de ellos no la saltó, sino que la evitó, de tal forma que andarán pululando por caminos distintos de los que llevan al éxito.

Contramedidas sí; soluciones no

En Lean se utiliza la palabra contramedida en lugar de solución. Esto se debe a que la palabra solución conlleva un sentido de definitivo, es decir, cuando algo se soluciona ya no hay que ocuparse más de ello pues está arreglado. Sin embargo la palabra contramedida hace referencia a algo temporal, es decir, una solución que sólo tiene validez hasta que se vuelva a revisar pues nunca se consigue solucionar un problema de forma definitiva. Lo mejor que podemos hacer es poner en marcha medidas que lo dejen solucionado temporalmente.

Esta diferencia de matiz es muy importante porque tradicionalmente se nos ha inculcado que un problema una vez resuelto, hay que olvidarse de él. Esto no sucede el Lean. Cuando por ejemplo una célula sufre retrasos averiguamos su causa y ponemos en marcha la contramedida. ¿Es ya para siempre? No, probablemente en un futuro esa célula vuelva a sufrir retrasos por otras causas y habrá que volver a implantar otra contramedida. Lo que sí queda solventado de forma definitiva es la causa que lo origina. Una vez puesto el remedio a la causa de un problema, esta no debe volver a aparecer. No confundir pues que la medida solvente la consecuencia con que ataje la causa. La primera no, la segunda sí.

Los 5 "por qué"

El origen de esta técnica parece que se sitúa en Toyota, aunque no queda claro si fue Ohno quién la desarrolló, o si ya venía de la propia cultura oriental. En cualquier caso, estamos ante una de las más poderosas herramientas de la filosofía Lean. Es muy simple de aplicar y sus resultados son extraordinarios.

Consiste en preguntar "por qué" 5 veces y eso nos llevará a la causa raíz del problema que queremos solucionar. Tras mucha experiencia se sabe que una sola causa suele originar problemas distintos. No es necesario perseguir cada uno de ellos. Si conseguimos hallar la causa de un problema, con toda seguridad estaremos solucionando muchos otros sin querer.

Los 5 "por qué" es la mejor herramienta de calidad. Simplemente con esta técnica conseguirás resolver el 90% de tus problemas en esta área.

Veamos el siguiente ejemplo del propio Ohno, de aplicación de esta técnica:

"Supongamos que una máquina ha dejado de funcionar:

* *¿Por qué se ha detenido la máquina?*

* *Se ha producido una sobrecarga y el fusible ha saltado*

* *¿Por qué se ha producido una sobrecarga?*

* *El cojinete no estaba lo suficientemente engrasado*

* *¿Por qué no estaba suficientemente engrasado?*

* *La bomba de engrase no bombeaba lo suficiente*

* *¿Por qué no bombeaba lo suficiente?*

* *El manguito estaba estropeado y vibraba*

* *¿Por qué estaba estropeado el manguito?*

* *No tenía ningún filtro y entró un fragmento de metal*

Repetir "por qué" cinco veces, como hemos hecho en este ejemplo, nos ayudará a descubrir la causa raíz del problema y a corregirlo. Si no se llevar a cabo este proceso, tal vez simplemente se hubiera cambiado el fusible o el manguito de la bomba. En este caso, el problema volvería a aparecer a los pocos meses"

Pero cuidado. Se trata de buscar causas, no culpables. No podemos preguntar "quién", como por ejemplo "¿quién ha dejado esta máquina sola?". En su lugar preguntaremos "¿por qué estaba esta máquina sola?" y esto nos permitirá ir encontrando la causa raíz.

A partir de esta idea se desarrolló en Toyota la famosa automatización con toque humano y es la base científica de Lean.

Más que simples soluciones

El funcionamiento de la filosofía Lean es contraintuitivo. Por ello necesita ser comprendido, estudiado y aplicado para que podamos asimilarlo. Aunque la base se adquiera en clases y cursos, el conocimiento real se adquiere mediante la práctica y es insustituible.

Como hemos indicado en apartados anteriores, no se trata sólo de buscar soluciones, sino más bien contramedidas. Y aún más allá, se trata de aprender, de generar conocimiento práctico. La resolución de un problema no debe ser vista como un incordio sino más bien como la oportunidad de aprender. Y este es el objetivo final: el aprendizaje.

No se trata por tanto de dar soluciones al "tún-tún", sino de recorrer un proceso de aprendizaje. Esta leve diferencia genera dramáticos resultados.

La importancia decisiva del tiempo

En los tiempos de Ohno, los problemas que surgían en la línea debían ser resueltos ese mismo día, salvo muy contadas excepciones. ¿Por qué? Ohno sabía que el paso del tiempo entierra las causas raíces cada vez más profundo y las hace menos accesibles. Por lo tanto, cuando un problema surge, la causa raíz está aún "en la superficie" y puede ser vista, y eso hay que aprovecharlo.

Es habitual que cuando algo va mal en una planta, se deje de lado la pieza defectuosa para que otros la reparen y no se pare la línea. Después, cuando los datos medios mensuales llegan al coordinador, este comprueba que hay una tasa de fallo superior a lo establecido y desea entonces buscar una solución a este problema. Pero hay malas noticias para él: ya es tarde. Hallar la causa raíz a esas alturas es imposible. Sin embargo si cuando surge un error inmediatamente nos ponemos manos a la obra para hallar su causa raíz, está podrá ser hallada rápidamente y la consecuente contramedida propuesta, consensuada e implantada. Aunque parezca contraintuitivo, es mucho más eficaz operar de esta forma que de la anterior. Los resultados están ahí.

Está además el efecto bola de nieve: cuando un problema se deja durante un tiempo sin solucionar, va generando otros, y estos otros más, y así sucesivamente. Esto sólo consigue que lo que era un pequeño problema se convierta en algo de trascendencia que necesite la ocupación inmediata de la dirección y que nuestro día a día se convierta en un apagafuegos continuo. Sin embargo, si atajamos las cosas cuando aún son pequeñas, los costes en lo que se incurren son mucho más pequeños.

Elige problemas sobre los que puedas actuar inmediatamente

Hace no mucho me encontré con un caso de una panificadora que tenía problemas. Me decía el gerente que el problema estaba en que el coste de la harina y del resto de materias primas era muy caro y que no podía hacer nada al respecto para negociarlo. Bien, quizás ese problema estuviera en ese momento fuera de su alcance, no lo sé con seguridad ya que no lo conocía con detalle, pero sí que podía concentrarse en muchas otras cosas que sí que podía hacer, como identificar y eliminar despilfarros en sus procesos, mejorar los procesos o incrementar los esfuerzos en las ventas con los recursos liberados en el sistema de producción. Pero nada de esto le parecía bien, estaba atascado en su propio argumento psicológico al que no encontraba solución, y que le mantenía en una total inacción.

Hace también unos años trabajé para una planta de alimentos que tenía los mismos problemas con el coste de la materia prima pero no se atascó ahí: buscó otros problemas sobre los que sí podía trabajar de forma inmediata y los avances logrados superaron con mucho los problemas con el coste de la materia prima. Se consiguió incrementar el número de entregas de materia prima desde una mensual a dos semanales. Esto permitió reducir los tamaños de lote y conseguir ahorros nunca antes vistos (al no ser este un libro técnico no tengo espacio para explicar Lean desde dentro: la ingeniería de Lean. Aun así, si el lector no puede comprender la importancia de la reducción del tamaño de lote y desea hacerlo, le recomiendo el libro *Learning to See*, M. Rother y J. Shook, editado por el *Lean Enterprise Institute*).

La lección es clara: elige problemas sobre los que puedas actuar. Y actúa. No te quedes atascado en los que no puedes hacer nada.

Método para problem-solving

Una cosa hay que tener clara, como grabada a fuego en nuestra mente cuando hablamos de Lean: no existe una receta o método general y universal para implantarlo. Cada empresa tiene una situación y unos problemas distintos. Solo cuando se comprende profundamente cada caso concreto se puede elaborar un plan de actuación. Por eso, a los que nos dedicamos a Lean es muy difícil, por no decir imposible sacarnos recetas generales sin conocer de primera mano cada caso.

Aun así, es cierto que existen una serie de guías que, sin ser leyes, pueden servirnos de orientación. Y esto es lo que pretendo con este "método" para la resolución de problemas.

No tomes esto, por lo tanto, como "la receta" o "el método". Son solo unos consejos, una guía, que te puede ayudar.

1. Genchi Gembutsu

Definición

Genchi gembutsu: ir al lugar donde tiene lugar la acción (la creación de valor) y ver por uno mismo lo que allí sucede.

Es otra de esas expresiones que han quedado en el vocabulario Lean y que el lector encontrará a menudo en textos y en charlas sobre estos temas.

Si preguntas a alguien en Toyota cuál es la principal diferencia entre Toyota y el resto, probablemente responda "genchi gembutsu". No se puede resolver un problema si antes no se tiene una comprensión profunda del mismo: comprender bien un problema es la mitad de la solución. Y aquella sólo puede adquirirse en el lugar en el que sucede la acción (el "gemba").

Lo que nos dicen los informes pocas veces, por no decir ninguna, coincide con lo que de verdad está sucediendo en la realidad. Por eso hay que ir a ver las cosas por uno mismo y no depender nunca de lo que los demás nos cuenten o lo que digan los papeles: siempre ir a ver por uno mismo. Los resultados son totalmente diferentes.

Se nos ha enseñado a no salir de la oficina y a que cuanto menos se pise el taller mejor. Esto es un error. Dirigir desde la distancia es una mala solución, y lo comprobamos a diario (dirección por control remoto). La dirección de cualquier empresa o negocio debe ser muy realista, los planes de futuro están bien pero siempre con los pies en el suelo. En palabras de Ohno: *"La planta de producción es la mayor fuente de información sobre tus procesos y te da la información más directa, actual y estimulante sobre su funcionamiento"*.

Y esto no solo es aplicable a los niveles más bajos del organigrama, sino también a la alta dirección. La dirección no está exenta de genchi gembutsu. La observación directa de lo que sucede en la planta proporcionará la información más vital sobre la gestión, en vez de leer informes (¿los lees?) desde la oficina.

Cuando Toyota decidió comenzar a vender un nuevo modelo del Toyota Sienna en Estados Unidos y Canadá, nombró como director del proyecto a Yuji Yokoya. Yokoya conocía algunas partes de Estados Unidos pero sólo como turista. Sentía que no comprendía con la suficiente profundidad el mercado norteamericano. Probablemente otros directivos hubieran consultado libros o informes, pero Yokoya se fue a Estados Unidos, alquiló un Sienna modelo antiguo y condujo él mismo por los 50 estados, por las 13 provincias de Canadá, y por Alaska y Hawai. ¿El resultado? El nuevo modelo Sienna tuvo muchos cambios de diseño que no hubiesen tenido sentido para un ingeniero residente en Japón, por ejemplo un coche más adaptado a las frecuentes cuestas y pendientes, resistencia a las habituales nevadas, mejor control en la deriva (aprendido conduciendo por Canadá), mejora en la estabilidad lateral por los intensos vientos al cruzar puentes, mejora en el radio de giro debido a calles estrechas por las que circularon, un espacio para vasos ya que en estados unidos es habitual hacer viajes de mucha duración.

Puedes recordar estos 4 principios [debidos a Tadashi Yamashina, presidente del Toyota Technical Center]:

1. Piense y hable basándose en datos e información, verificados y comprobados

2. Vaya y confirme los hechos por sí mismo

3. Eres el responsable de la información que estás dando a otros

4. Saca ventaja de la sabiduría y de la experiencia de otros para dar, recoger o debatir cualquier información

Ir a ver las cosas por ti mismo no es simplemente ir a planta y mirar. Es algo más. Es prestar atención a lo que está sucediendo son ideas preconcebidas, preguntarte por qué están sucediendo esas cosas, hallar causas raíces, preguntarte si existe desviación del estándar, si esta es visible o está oculta, cuál es la situación objetivo y cuál la actual. En definitiva, hacer una observación para aprender, no solo para mirar.

Sacar información o aprender de esta forma es algo muy arraigado en la cultura oriental y difícil para nosotros al principio. Yo, curiosamente, aprendí a hacerlo justo antes de conocer el mundo Lean. Si practicas artes me entenderás un poco mejor. La mía es el Aikido, un arte marcial japonés. El método de enseñanza es el siguiente: el maestro manda silencio y atención, entonces sale al centro del tatami y, en completo silencio, realiza una técnica varias veces desde varios ángulos. A continuación indica que comencemos su práctica. La única forma de aprender es prestar mucha atención a lo que hace para poder captar en qué consiste la técnica. Quizás puedas pensar que es mucho más eficiente y efectivo que la explique con palabras. Yo también lo creía, pero no lo es. Al hacerlo así, se está adquiriendo un poderosísimo hábito que a medio y largo plazo marcará diferencias insalvables para los que no lo han desarrollado.

Evidentemente al principio, cuando uno comienza a ejercitar este hábito, comprende pocas cosas. Como en todo proceso de aprendizaje, hay que recorrer la curva e ir de menos a más. Pero este esfuerzo bien merece la pena.

De la misma forma, existen dos versiones de genchi gembutsu, una más superficial y otra más profunda que lleva años de práctica.

El círculo de Ohno

Circulan muchas historias sobre Taiichi Ohno. Una de las más famosas es la del círculo. Se cuenta que

Ohno dibujaba un círculo de tiza en el suelo y obligaba a sus alumnos a permanecer allí durante largo tiempo. Es quizás la anécdota más famosa del maestro.

A continuación cito una entrevista de Jeffrey Liker con Teruyuki Minoura, alumno de Ohno y posteriormente presidente de Toyota Motor Manufacturing en Estados Unidos.

Minoura: El señor Ohno quería que dibujáramos un círculo en el suelo de la fábrica y luego nos decía: "Quédate ahí de pie, observa el proceso y piensa por ti mismo", y no nos daba ningún indicio de lo que teníamos que observar. Esta era la esencia real del sistema de Toyota.

Liker:¿Cuánto tiempo estaban en el círculo?

Minoura: Ocho horas

Liker: ¡¿Ocho horas?!

Minoura: Por la mañana venía el señor Ohno y pedía que estuviese en el círculo hasta la comida y después venía el señor Ohno para comprobar y preguntaba qué es lo que había visto. Yo le contestaba: "Hay tantos problemas en el proceso". Pero el señor Ohno no escuchaba. Sólo estaba mirando

Liker: ¿Y qué pasaba al final del día?

Minoura: Cuando era cerca de la hora de la cena, vino a verme. No me dio tiempo a darle ningún informe. Me dijo: "Vete a casa"

Quizás aquella persona que no lo haya probado nunca pueda considerarlo algo vacuo y abstracto, pero confieso que este ejercicio es de los mejores, si no el mejor, que puedes llevar a cabo sea cuál sea tu actividad. Pruébalo y comprueba sus resultados. No es necesario que estés ocho horas, en occidente somos más blandos y, al principio con una o dos será suficiente.

2. Define bien el problema

Un problema bien definido es el 50% de la solución. Y para definir un problema de forma exhaustiva es necesario adquirir antes una profunda comprensión del mismo.

Es importante que todos comprendan que es más importante la investigación y la comprensión del problema, que la solución en sí misma. Es habitual que este enfoque choque con la mentalidad tradicional donde siempre se pide una solución "para ayer", y donde la expresión "no me importa lo que hagas, pero arréglalo" está a la orden del día. Nuestro enfoque será distinto: primero comprender en profundidad el problema y sus causas y después la solución surgirá casi sola. Parecería a priori que dedicar más tiempo al estudio de las causas alargaría el proceso, ya que añade más tiempo, pero en realidad el proceso total se acorta.

Para definir correctamente un problema debemos tener en cuenta los siguientes 4 aspectos:

- ¿Cuál es la situación deseada u objetivo? (El estándar)

- ¿Cuál es la situación actual? (Real, nada de informes)

- ¿Cómo de grande o pequeño es el gap? (gap=diferencia entre la situación real y la deseada)

- Características y circunstancias del problema

Recuerda que siempre es mejor presentar estos datos en forma de gráfico, en vez de con letras.

Cuando se elija un problema, ya hayamos sido nosotros mismos o bien otra persona, siempre hay que tener estudiadas las respuestas a estas preguntas:

- ¿Por qué has elegido este problema?

- ¿Cómo supiste que este problema merecía tu tiempo y atención?

- ¿Por qué este y no ninguno de los otros que hay?

- Explica tu razonamiento sobre el problema para que todos puedan estar en línea contigo y puedan ayudarte a resolverlo

- ¿Cómo ha evolucionado el problema? ¿Ha ido a mejor, a peor o sigue igual?

A la hora de responder a estas cuestiones, evita expresiones como "Yo creo ..." o "En mi opinión ...". Se trata de adquirir una comprensión profunda y esto se hace mediante datos tomados en el gemba. Las opiniones y las creencias están bien pero aquí lo único que hacen es nublar la visión real y objetiva. ¬

3. Analiza las causas raíces

Cuando las causas raíces son descubiertas, la solución aparece ante ti por sí sola. Nos guiaremos por este principio en nuestra tarea de problem-solving, un principio que está apoyado en que una buena forma de pensar generará buenas soluciones.

Para encontrar las causas raíces utilizamos los "5 por qué" vistos anteriormente, una de las herramientas más poderosas que están a tu alcance.

10 consejos a tener en cuenta a la hora de buscar e identificar las causas raíces de un problema:

1. Afronta el problema sin ideas preconcebidas. Estudia los datos reales y no cejes hasta que las causas reales hayan sido descubiertas

2. Aplica siempre genchi gembutsu

3. No arregles un problema de 5 céntimos con una solución de 1€

4. A veces hay más de una causa. En tal caso, debes elegir una: la más significativa o importante (usa gráficos de Pareto)

5. Identifica causas sobre las que puedas actuar tú y tu equipo

6. Con todos los datos reunidos, puedes predecir el resultado de la implantación de la contramedida. Así podrás evaluarlo posteriormente

7. Cada por qué te llevará a donde deba llevarte.

8. No culpes a las personas. El objetivo es resolver el problema no encontrar culpables

9. No te saltes preguntas. Responde casi lo obvio. Avanzar despacio te hará ir más deprisa.

10. Trabaja en grupo. 5 personas alineadas con el objetivo son más eficaces que 1.

4. Construye consenso y estudia soluciones alternativas

Consenso no significa estar de acuerdo. Consenso significa aceptar probar la solución propuesta aún a pesar de no estar del todo de acuerdo con ella. Las pruebas en el gemba dirán si es adecuada o no, no nuestra opinión. En caso de dos propuestas de soluciones, no se debe discutir sobre cuál es la mejor: se aceptan ambas, se prueban en el gemba y se ve cuál da mejores resultados. No se trata de que unas personas ganen sobre otras, se trata de encontrar las mejores soluciones.

Antes de decidir implementar nada, ni hacer ningún plan de implementación, pruébalo a ver cómo funciona. Casi nunca la solución pensada será la adecuada al 100%: hay que probarla.

5. PDCA

Es la fase de implementación. Si has estudiado bien el problema, lo has definido cuidadosamente y has probado que funciona, la solución será una buena solución.

Aplica los cuatro pasos de PDCA:

1. Plan

Debe ser claro y todos deben estar alineados con él. De lo contrario será un despilfarro de recursos. Si la solución necesita mucho tiempo (por ejemplo rediseñar una máquina herramienta) aplica contramedidas inmediatas que palien el problema rápidamente y deja bien planificado la solución de largo plazo (el arreglo de la máquina herramienta). Identifica las acciones necesarias para llevar a cabo la solución; identifica el "qué", el "quién", el "cuándo", el "dónde" y si es necesario el "cómo". Determina con claridad quién será el responsable (persona, no grupo). Todo ello debe caber de sobra en un A4 en horizontal.

2. Do

Ahora sí, ¡hazlo! Pon en marcha la solución. A menudo encontrarás que cuando la pongas en marchas surjan nuevas oportunidades de mejora o sea necesario ajustar algunas cosas. Hasta que no das un paso no sabes lo que te depara el siguiente.

3. Check

Toma datos en el gemba y compáralos con los anteriores a la implementación de la solución (gráficos, no tablas ni palabras). Si el proceso se ha seguido correctamente, la solución implementada producirá los resultados deseados. Compara siempre estos resultados frente a la definición del problema que hiciste y observa cómo lo ha eliminado o paliado.

4. Act

Resolver problemas es un proceso que está siempre en progresión, por tanto necesitarás con toda probabilidad hacer algunos ajustes. A veces una nueva solución crea nuevos problemas. Presta mucha atención en el gemba y vuelve a aplicar PDCA las veces que sean necesarias.

Desarrolla a las personas

Problem-solving es un ejercicio de comprensión, no de estadística. No buscamos que las teorías estadísticas justifiquen algo; lo que buscamos es comprender los procesos y las causas raíces de los problemas. A lo largo de este proceso se genera mucho conocimiento: aprovéchalo para desarrollar a las personas de los equipos.

La separación entre los que piensan y los que obedecen no existe en Lean. Todos tienen la obligación de pensar y de mejorar las actividades de su puesto de trabajo.

Convierte tu empresa en una organización del aprendizaje

Llegar a ser una organización del aprendizaje es el gran reto de todas las empresas. Pero hemos descubierto un problema semántico: cuando decimos organización del aprendizaje casi nadie sabe de qué estamos hablando. Quizás el nombre no ha sido bien elegido por lo que nos vamos a olvidar de él durante unos momentos para centrarnos en lo que estamos queriendo decir. De esta forma, podremos comprender de qué hablamos.

Una organización se hace excelente en su cometido porque ha aprendido muchas cosas sobre su actividad. Cuanto más aprenda, mejor. Exactamente igual que pasa con las personas: cuanto más nos preparamos y más practicamos, mejores profesionales nos hacemos. De esta forma, una empresa necesita aprender, pero ¿cómo puede aprender una empresa si no es persona física? El hecho de que no sea una persona física no le impide aprender: una empresa aprende cuando sus componentes, miembros de los equipos, aprenden y este conocimiento queda en la empresa. El problema es que cuando alguien encuentra una nueva forma de, digamos por ejemplo, hacer el cambio de utillaje de una prensa, y consigue pasar de un tiempo de cambio de 45 minutos a un nuevo tiempo de 30 minutos, evidentemente esa persona ha aprendido cosas nuevas, pero la organización aún no. ¿Cómo transmitir entonces ese conocimiento desde las personas hasta la organización? Mediante los estándares. El nuevo procedimiento hallado para el cambio de utillaje, después de obtener el visto bueno de la dirección (en función de tipo de mejora propuesta, el encargado de su aprobación será uno u otro) pasará a ser el nuevo estándar para ese cambio, todas las demás personas lo aprenderán y todas lo harán así en el futuro, hasta que el estándar cambie nuevamente. De esta forma, si la persona que hizo el descubrimiento original se jubila y deja la empresa, ese conocimiento permanece. Esta es la gran diferencia entre una empresa Lean y el resto. Si la organización no aprende, queda estancada definitivamente.

Pero la gran pregunta es ¿cómo se promueve ese aprendizaje? ¿Cómo se genera el conocimiento? La respuesta es sencilla: mediante la resolución de problemas. Cada vez que resolvemos un problema, aprendemos y generamos conocimiento. Por lo tanto, hay que fomentar la resolución de problemas. Pero para eso es necesario que los problemas salgan a la superficie, sino ¿cómo vamos a resolverlos? De ahí la gran importancia de hacer siempre que los problemas salten a la vista inmediatamente y evitar que permanezcan ocultos.

Capítulo 10. Liderazgo y cultura Lean: la llave del éxito

El papel del líder en la cultura Lean es esencial. Desarrolla una serie de funciones y tareas que son las que hacen posible crear y mantener los resultados de la empresa. En este capítulo vamos a ver algunas de las más importantes y vamos a adentrarnos en el papel que estos ejercen.

Liderazgo, no management

Habitualmente la dirección de las empresas están invadidas por MBA's y alumnos de escuelas de negocios que han recibido formación en una serie de herramientas, todas ellas basadas en la producción en masa, y que aplican con un éxito más que discutible. Es decir, legiones de personas con las mejores intenciones, pero con conocimientos y herramientas anticuadas que no terminan de proporcionar los resultados esperados. Y cuando lo hacen no son sostenibles, lo que nos hace pensar que el hipotético éxito a lo mejor ha sido fruto la casualidad, más que de las herramientas aplicadas.

La verdad es que no necesitamos gestores, lo que necesitamos son líderes. Y eso no se aprende en ninguna escuela de negocios. De hecho, aunque no está probado, al menos yo no conozco que lo esté con seriedad, el liderazgo quizás tenga un componente innato. Es decir, no todos sirven para liderar. Aunque en mi experiencia creo que no me equivoco mucho si afirmo que entre el 80-95% de las personas son perfectamente capaces de ser líderes en cualquier organización, siempre y cuando reciban la instrucción adecuada. Y aquí está el problema: no existe ningún tipo de entrenamiento que desarrolle el liderazgo que llevamos dentro. Más bien se da por supuesto: si eres bueno es que lo eres, si no eres es que no lo eres. Determinismo. Todo falso. El líder se puede desarrollar con una instrucción adecuada.

Pero ¿por qué necesitamos líderes? Sencillo. Un líder es alguien que impulsa, que da dirección, que incentiva comportamientos, que enseña con el ejemplo, que permite y fomenta personalmente el desarrollo de todas las potencialidades que su gente lleva dentro. Y eso es justo lo que falta en las compañías occidentales. Lo habitual es contratar a alguien para que aplique su estilo y sus herramientas y esperar a ver qué resultados da la cosa. Si no sale bien, a la calle y a poner a otro. El problema es que así no vamos a ningún lado. Tú empresa tiene que tener una visión a largo plazo, saber de antemano a dónde quiere llegar y cómo quiere hacerlo. Y perseguirlo de forma constante, independientemente de quién sea el CEO, director general, gerente o como lo queramos llamar. Y este es el fallo de casi todas, que van dando tumbos de un estilo a otro en función del CEO contratado cada vez.

Sin liderazgo, esto no funciona

El CEO de una compañía no tiene por qué ser el líder. Es cierto que la posición de director general es la posición en la que debe estar el líder, pero puede suceder que quien ocupe esa posición no sea un líder. Es decir, el simple hecho de ocupar ese puesto, o cualquier otro, no te convierte en líder sino en un gestor. Para ser líder es necesario desarrollar y poner en práctica las habilidades que hemos visto en el apartado anterior y que desarrollaremos un poco más en los sucesivos apartados.

Por tanto el primer paso es que el CEO ejerza de líder. Una vez en este punto, el éxito de cualquier transformación o mantenimiento de un sistema Lean depende totalmente de que el líder esté personalmente implicado en su éxito. De otra forma fracasará y se volverá a la producción por lotes y colas y al command&control.

Están documentados casos de los dos tipos, de los que no consiguen la transformación por falta de liderazgo, y de los que teniendo ya en marcha un sistema aceptablemente Lean retroceden al viejo y obsoleto modelo. Un estudio realizado por la fundación de los premios Shingo reveló que sólo el 2% de las iniciativas Lean consiguen sostenerse en el tiempo. ¿A qué se debe esta tasa tan baja? Sencillo, a la falta de liderazgo. La escuela del management tradicional otorga una gran importancia a las cifras sin tener en cuenta el sistema. Por eso, cuando los problemas comienzan a salir y quedan al descubierto esperando ser solventados, los gestores tradicionales prefieren esconder el problema a solucionarlo. La palabra problema tiene para ellos connotaciones negativas y piensan que lo correcto es evitarlos a toda costa. Un gran error que suelen pagar caro.

Una empresa es un reflejo de sus propietarios, por acción o por omisión. Por lo tanto son ellos los que deben impulsar e iluminar el camino que desea que el grupo completo siga.

La cultura a largo plazo depende de los líderes

Desarrollar a la siguiente generación de líderes es una de las principales misiones de los líderes actuales. Si hacemos crecer a los futuros líderes en los valores de la compañía, cuando los que están ahora en el cargo se vayan todo caerá como un castillo de naipes. La única forma de evitarlo es hacer crecer a los futuros líderes y que estos vivan la filosofía de la empresa. De esta forma, quedará garantizado que la cultura, la dirección y los valores continuarán más allá de la presente generación.

Por supuesto esto es más fácil decirlo que hacerlo. Desarrollar un futuro líder requiere compromiso, una fuerte inversión tanto en tiempo como de implicación personal. En Toyota se necesitan unos 10-15 años para que un líder esté mínimamente preparado para ejercer con garantías. Y cuando hablamos de líderes no nos referimos al CEO. Todo el organigrama está repleto de líderes, desde los líderes de equipo, líderes de grupo, managers assistants, managers, general managers, vicepresidentes y presidente de la compañía y todos ellos deben vivir la filosofía de la empresa y transmitirlas a la siguiente generación. Si no sucede de esta forma el fracaso está asegurado. Y como decíamos, no es un camino fácil, pero la recompensa sobrepasa con creces la inversión y muchas veces el problema es que no estamos dispuestos a hacer el esfuerzo para llegar a la meta.

Un famoso pianista fue invitado a tocar en una recepción en la embajada. Después de tocar algunas piezas, la anfitriona se dirigió a él y le dijo:

- Haría lo que fuera por tocar como usted.

- No -respondió el pianista

- ¿Cómo? Le estoy diciendo que haría lo que fuera - respondió la anfitriona algo molesta ante sus invitados.

- No. A usted lo que le gustaría es tocar igual de bien que yo y tener el público maravilloso que tengo, pero usted no haría lo que fuera. Yo llevo 30 años practicando 8 horas al día, incluidos los domingos. Y a eso usted no estaría dispuesta.

Las funciones del líder

Hemos hablado ligeramente en el primer apartado sobre algunas de las funciones del líder. Ha llegado el momento de verlas un poco más en profundidad.

Funciones del líder

Impulsar

Un líder es la persona que impulsa a la acción a las demás y lo hace desde su propio comportamiento. De nada sirve decir a los demás lo que deben hacer si uno no lo hace. Si decimos que hay que esforzarse para mejorar algo y todos ven al líder viviendo una vida de asueto en el trabajo, evidentemente nadie pondrá de su parte más de lo que pone el líder. Por lo tanto el líder debe impulsar los comportamientos deseados siendo él mismo el modelo de lo que quiere conseguir en los demás.

Apoyar.

Debe prestar el apoyo necesario en todo momento, pero especialmente en los malos, cuando los resultados no llegan, cuando todo parece hundirse por momentos, es ahí donde el líder debe recordar el objetivo hacia el que se navega, reconocer el esfuerzo que se está haciendo y motivar para seguir adelante con energías renovadas.

Enseñar con el ejemplo.

La mejor forma de enseñar es a través del ejemplo. Aprendemos de esta forma incluso de forma subconsciente, ya que tendemos a imitar lo que vemos. Aquellos que se rodean de un determinado entorno desarrollan comportamientos asimilados al resto de componentes de dicho entorno. Por lo tanto si quieres provocar determinado comportamiento, debes ser tú mismo el modelo de ese comportamiento. De otra forma no funcionará.

Participar activamente en los eventos Kaizen.

La tendencia de la escuela tradicional de gestión dice que hay que delegar. Pero hay cosas que no se pueden delegar y la participación activa en los eventos de mejora es una de ellas. Si el presidente no asiste a un evento kaizen, el mensaje que está enviando con este modelo de comportamiento es que en realidad eso no es asunto suyo. Es decir, que la mejora de la empresa no le importa, por tanto, cualquier trabajador, sea del nivel que sea se dirá a sí mismo: "si al máximo responsable no le importa, ¿por qué habría de importarme a mí?". Entiendo que es un giro de 180º con respecto a la gestión tradicional, donde el puesto de director general o presidente se ve más como un premio a tu carrera que como un puesto de líder. Pero lo cierto es que es imprescindible ser el modelo del comportamiento que queremos lograr en nuestro equipo.

Nunca castigar los intentos fallidos.

Cuando se intentan cosas nuevas es seguro que al principio no funcionen. Si se castiga esto, estamos asegurando que nunca jamás nadie intentará nada nuevo (nadie está tan loco de jugarse el puesto de trabajo porque sí). Cuenta Suzumura, figura legendaria en Toyota, que cierta vez equivocó el número de kanbans en circulación y provocó la detención completa de la línea de ensamblaje final durante mediodía completo. La sensación era terrible, el dinero se estaba escapando por millares a cada minuto que pasaba y prácticamente podías escuchar los pensamientos de la gente diciendo "Ah, Suzumura la ha liado" –cuenta él mismo. Suzumura pensó que sería despedido de inmediato.

Aquella tarde entró en el despacho de su jefe directo, Soichi Saito, posterior chairman de Toyota, le explicó lo que había pasado y Saito simplemente le contestó: "¿Así que hiciste las cosas mal? Bien, son cosas que a veces pasan".

Desarrollar la siguiente generación de líderes.

Es la clave para crear una cultura a largo plazo. Podemos resumir las funciones de un líder en dos: hacer su trabajo y desarrollar a la siguiente generación. Y como apuntábamos anteriormente, es un trabajo que requiere mucha dedicación e implicación. Al menos 10-15 años son necesarios para hacer crecer la siguiente generación de líderes que vivan la filosofía de la empresa y que estos a su vez desarrollen a la siguiente generación, y así sucesivamente. Este proceso está lejos de ser casual. Más bien está perfectamente delimitado y avanza según un patrón concreto: un plan.

Eliminar la resistencia

Una de las funciones más importantes, y a la vez delicadas, del CEO es buscar una salida a aquellas personas que no deseen adoptar la metodología Lean. Es una decisión difícil, pero debe tomarse. Siempre hay personas que no aceptarán cambios y si permanecen en la compañía destruirán cualquier intento de poner en marcha la metodología Lean. Por eso deben buscar lugar en otra empresa que se adapte a su perfil. No se puede vincular el futuro de la organización a la inflexibilidad de unos pocos. Y es importante que el líder haga esto más antes que después.

Mientras más tiempo permanezcan en sus funciones estas personas, más daño estarán haciendo al futuro de la compañía. Habitualmente, y por experiencias varias, en torno a un 5-10% de los directivos no aceptarán el nuevo sistema Lean. Es importante identificarlos y si no se consigue su cambio, lo mejor es la salida. Como ves en Lean no todo es fácil, a veces hay que tomar decisiones difíciles para garantizar el futuro de todos los demás.

Constancia en la persecución del True North

En lo que al CEO se refiere, es el principal actor implicado en hacer que todos en la organización persigan el True North (Norte Verdadero). Este es la visión a largo plazo de la compañía y del que nos separa un terreno desconocido y por descubrir a través del cual debemos transitar con la única ayuda de esta brújula empresarial. Es fundamental que todos y cada uno de los miembros de la compañía estén alineados hacia un mismo objetivo común y utilicen las mismas reglas. De otra forma surgirán conflictos en todos los niveles. Decíamos al principio que una de las tareas del líder es dar una dirección a seguir, y esta debe ser hacia el True North.

La prueba de fuego del líder

La pregunta es: ¿qué hará cuando surjan problemas? (y surgirán). Un caso habitual es el siguiente: Un CEO ha cedido en que se ponga en marcha una célula de producción en flujo de una pieza en una de las cadenas de valor de la compañía. Durante la puesta en marcha de esta surgieron problemas que se fueron resolviendo gracias a la cobertura de inventario. Un mes más tarde, viene un pico de demanda y los cálculos hechos sobre la capacidad productiva de la célula tenían un fallo que hace que se rompa el stock y queden pedidos sin servir. Comienzan a llegar quejas de los clientes. ¿Qué hacer en esta situación? Aquí es donde de verdad se demuestra si se confía en Lean o no. La tentación de volver atrás es grande, muy grande. Pero hay que resistirla: ya no debe haber vuelta atrás posible. Hay que centrarse en resolver los problemas y seguir avanzando. Suele ser muy bonito escribir o leer cosas en un libro, pero los momentos de la verdad llegarán con toda seguridad y hay que estar preparados. Por eso es fundamental contar con el apoyo de la mayor parte de la alta dirección, de lo contrario, cuando empiecen los inconvenientes, arderá la hoguera de los culpables.

El hecho de que surjan este tipo de problemas, en realidad lo que nos indica es que estamos en el camino correcto.

A la voz de Don Quijote: *"Ladran luego cabalgamos, querido Sancho"*.

Cap. 11. Varios

Dedicamos este capítulo a ver algunos de los conceptos fundamentales en Lean. Son píldoras de conocimiento que verás y usarás a menudo. Son una especie de principios generales de la filosofía Lean. En ellos está el espíritu de su práctica y son los que la distinguen de cualquier otra metodología o filosofía.

Learning by doing

Aprender haciendo. Es una de las cosas que más nos choca a los occidentales y una de las principales trabas a la hora de adoptar Lean. Casi todo en Lean se aprende haciéndolo. La enseñanza teórica está reducida a la mínima expresión ya que está no puede aportar el conocimiento necesario para dominar a un mínimo exigible la materia. El enfoque práctico en Lean es total. Se decía que Ohno apenas tenía papeles en su escritorio, y que salvo los últimos datos de ventas, no solía leer nada. No lo necesitaba. Su fuente de datos era el gemba y nunca le fallaba.

En cierta forma, es un enfoque muy parecido a las artes marciales. Las clases de kárate, por ejemplo, no tienen sesiones en un aula con una pizarra (y menos con un powerpoint). Hay que hacer para aprender. Y ciertamente es el mejor enfoque posible. Sin embargo, los que hemos sido educados en la cultura de los informes y de los despachos, nos cuesta mucho asumir este modelo (yo lo conseguí superar, ¡seguro que tú también!).

Si recordamos la primera definición que dábamos sobre Lean, advertíamos que era probable que no se comprendiera en su totalidad hasta que no se practicara. Eso se debe justamente a este principio.

Roll-up your sleeves and get your hands dirty

Remángate y ensúciate las manos. Esta es otra que cuesta mucho aceptar y sin embargo es de las mejores. Aquí no sirve dar órdenes sin mancharse, permaneciendo en un despacho aislado de la realidad del gemba: hay que remangarse y ensuciarse las manos trabajando, incluso el CEO. Recuerdo una fotografía del alcalde de New York Rudolph Giuliani, durante el ataque a las Torres Gemelas, con una mascarilla, en medio de una nube de polvo, estando justo en el lugar de los acontecimientos para tener información de primera mano de todo lo que sucedía. Fue criticado por no permanecer en un despacho alejado de toda la acción y en lugar seguro: él contestó que su lugar era aquel, ¿cómo si no podía dar las instrucciones más acertadas? –dijo. Este punto sigue sin ser comprendido por muchos, lo que demuestra que aún no están listos para la transición a un sistema Lean.

Be more the tortoise than the hare

Sé más como la tortuga que como la liebre. Es una creencia común en occidente que cuando queremos conseguir algo tenemos que correr mucho. También que si nos ponemos con algo para mejorarlo, si la mejora no es sustancial, no merece la pena invertir tiempo. Lo cierto es que la tortuga siempre vence a la liebre, porque está avanza a sprints, y sólo corre cuando está motivada y descansada, y puede pasar mucho tiempo para que se den ambas circunstancias. Sin embargo, la tortuga avanza siempre, cada día un poco. Así, al cabo de un tiempo, el avance habrá sido notable mientras que la liebre habrá dado algún sprint, pero aún estará intentando recuperarse del esfuerzo. El ejemplo típico es que si hacemos una mejora de simplemente un 1% cada día ¿cuánto habremos mejorado en un año completo? ¿Puedes lograr eso a base de sprints?

The right-sized equipment

Maquinaria de tamaño correcto. Otro de los errores dejados por el pensamiento de la producción en masa es que las máquinas deben ser mientras más grandes y más veloces mejor, de esta forma se consigue reducir el coste por hora de utilización. El problema está en que esto se hace a costa de los flujos en el sistema, y así los costes totales suben en lugar de descender. El tamaño de una máquina debe ser estudiado concienzudamente de tal forma que se adapte lo mejor posible el ritmo de producción y permita cambios en su configuración de forma que pueda flexibilizarse junto al proceso cuando la demanda cambie. Si la máquina es muy grande y produce piezas a alta velocidad[6], la tendencia es a la sobreproducción, para aprovechar y amortizar el coste de la máquina. Como decimos, esto lo único que consigue es introducir despilfarros a lo largo de todo el sistema con el consiguiente efecto de aumento de los costes totales.

---

[6] en Lean se conoce a este tipo de máquinas como "monumentos"

Multi-skilled operator

Personal multidisciplinar. Ya hemos mencionado la importancia de la flexibilidad y en la asignación de trabajos no es menos. Los miembros de un equipo deben estar formados en todas las actividades que lleva a cabo el equipo. Es decir, si tenemos a cuatro trabajadores, cada uno con una función distinta, cualquier de esos cuatro trabajadores debe aprender a realizar el trabajo de los otros tres, de forma que si alguno falla por alguna razón pueda ser sustituido. Además permite el reajuste en la carga de trabajo en caso de cambios en la demanda que requieran reajustes en el proceso. Otra ventaja añadida es la posibilidad de rotación entre puestos, evitando el aburrimiento de la monotarea.

Easy to say, hard to do

Fácil de decir, difícil de hacer. Es una característica motivo de muchas decepciones. Lean es fácil de explicar, pero muy difícil de hacer. Al revés que por ejemplo un sistema de ecuaciones complejo, que se presenta difícil de explicar, pero se mete en un software y te lo resuelve solo. Aquí es al revés. En este sentido es parecido a ir al gimnasio, es fácil apuntarse pero difícil ir todos los días del año, durante los próximos 20 años. ¡La disciplina! ¡Esa gran desconocida!

Go to see, show respect and ask why

Ir a ver, mostrar respeto y preguntar por qué. Es un buen resumen de la práctica Lean. Así es cómo se actúa. Este tipo de comportamientos es fuente generadora de conocimientos y permite crear una cultura a través del ejemplo. Es imposible tomar decisiones acertadas si no se conoce de primera mano lo que está sucediendo en el lugar donde se está creando el valor. Hay que reconocer también la extrema importancia de los trabajadores que crean el valor: ellos son los que están haciendo aquello por lo que la empresa existe, por lo tanto deben ser tratados con el máximo respeto y así hay que comportarse. Evidentemente, el resto de componentes de la organización serán tratados también con el máximo respeto, una cosa no quita la otra.

Flexibility: be water, my friend

Flexibilidad: sé como el agua. Quizás sea una de las características más importantes de Lean y una de las menos comprendidas: Lean es flexibilidad. La flexibilidad es lo que nos permite adaptarnos a los cambios en la demanda, a los cambios en los pedidos, a evitar la sobreproducción. Un sistema Lean es un sistema flexible por naturaleza.

Hansei

Se trata de una reflexión profunda con la intención de detectar aquellas cosas que podríamos haber hecho mejor y tomar las medidas para que así sea la próxima vez. Es uno de los conceptos que más cuesta entender. El objetivo final no es culpabilizar a nadie de nada, sino mejorar todos juntos. Podemos dividir el hansei en tres fases:

1. Reflexión

Repasar todo lo hecho y pensar en ello en profundidad.

2. Reconocer que hay un problema

Identificar la causa raíz del mismo, analizar qué se ha conseguido y qué se debería haber conseguido.

3. Compromiso de cambio

Comprometerse a realizar ciertos cambios para evitar que los errores cometidos se vuelvan a producir.

Hansei se puede hacer a nivel de grupo o bien a nivel individual y es un elemento clave en la mejora continua.

Cap. 12. Reflexiones finales

En este libro hemos dado un paseo a vista de pájaro por la filosofía Lean. Estoy seguro que en tu cabeza revolotean numerosas dudas y cuestiones: eso es un muy buen síntoma. La primera lección que podemos sacar en claro es que Lean es demasiado amplio para ser cubierto en un pequeño libro introductorio. Por eso casi todos los capítulos están tratados de forma genérica.

Tal y como apuntábamos al comienzo, el objetivo era proporcionar un marco, un mapa que nos permita movernos por nosotros mismos por la metodología Lean. En este punto, si tu interés está más en temas de Calidad, ya sabes cómo Lean la enfoca y eso te permitirá ponerla en su correcto contexto. Si tu interés está en temas de productividad, lo mismo. Y así con cualquier otro asunto.

Soy consciente de la brevedad en muchos temas, como por ejemplo en el flujo, el pull, la estabilización y la estandarización. Lo sé, pero como decimos, no es el objetivo de este libro enseñarte en detalle las profundidades de cada método o herramienta. Pero tampoco es el objetivo dejarte aquí sólo. Por eso pongo a tu disposición una bibliografía ordenada en la que encontrarás los mejores recursos disponibles para aprender todos esos temas en profundidad y poder seguir tu camino bajo una guía, cosa que te ahorrará muchas pérdidas de tiempo.

También soy consciente de la ausencia de otras técnicas que muchos consideran importantes (¿qué no es importante en Lean?), como 5S, hoshin kanri, oobeya, y algunas otras. No te preocupes, como decíamos en el libro, lo importante son los conceptos. Las herramientas y técnicas ya vienen luego, y en este libro hemos cubierto la amplia mayoría de los conceptos. Con ellos, ya están en disposición de ponerte manos a la obra y empezar a obtener ganancias.

Lean te proporciona una estrategia para crear ventajas competitivas para tu negocio que tu competencia no podrá copiar. Pero para eso necesitas querer hacer los cambios necesarios. Si así lo decides, tienes ante ti la más poderosa arma de competencia. ¡Aprovéchala!

FIN

Anexos

Feedback

Antes de comenzar quiero agradecerte la compra de este libro. Espero que te haya resultado de utilidad, al menos ese ha sido el objetivo. Y ahora, aplicándome a mí mismo la filosofía Lean, busco la mejora de forma continua, y como decía Masaaki Imai, no se puede mejorar sin admitir los errores. Por eso estaré encantado de recibir tus comentarios, sugerencias, críticas y opiniones.

Puedes escribirme a:

consultoria.leansystems@gmail.com

donde estaré encantado de atenderte.

Recibir tu correo me hará muy feliz y lo leeré con extrema atención, tal y como merece.

Por supuesto, también me tienes a tu disposición para cualquier otro asunto, duda o consulta. Una de las cosas con las que más disfruto es compartiendo conocimiento y opiniones.

Si lo deseas, puedes utilizar también otros medios para contactar conmigo:

twitter: http://twitter.com/jmvives

blog: http://altacuncta.wordpress.com

Te invito igualmente a unirte al grupo LeanSpain en Linkedin, donde compartimos abundante información y resolvemos nuestras dudas sobre el mundo Lean.

Sea cual sea el modo que elijas, estaré encantado de atenderte.

Bibliografia

Dado que este es un libro cuyo objetivo es introducirte a los conceptos del pensamiento Lean, es evidente que si te has convencido de la necesidad de adoptar la metodología, necesites más recursos. En este apartado te propongo un itinerario para tu aprendizaje que he elaborado yo mismo y que creo que se adapta muy bien y que te propone los mejores recursos existentes.

Están puestos en orden, por lo que mi recomendación es que, en la medida de tus posibilidades, sigas este orden sugerido.

1. Lean Thinking. Womack, Jones & Roos (1991).

El libro ideal para comenzar. Si tu conocimiento es básico este es sin duda el mejor texto que puedes leer en primer lugar. El trabajo de Womack en sus publicaciones se caracteriza por la enorme calidad de las mismas. En general, cualquier cosa de Womack tiene el sello de garantía de calidad.

2. The Toyota Way. Jeffrey Liker. (2003)

Este libro condensa a la perfección la filosofía de Lean. A través de 14 principios, Jeffrey Liker recorre todos los aspectos que sostienen la filosofía de Toyota. Este libro podría intercambiar lugar con el anterior de Womack, pero en mi opinión, creo que es mejor empezar por aquel. Este libro de Liker supone sin duda su obra cumbre sobre el Sistema de Producción de Toyota. Al igual que sucede con Womack, cualquier texto de Liker lleva el sello de calidad garantizada.

3. Learning to See. Rother M., Shook J. (1999)

Este libro explica en detalle el proceso de elaboración de la herramienta VSM (Value Stream Mapping), fundamental en cualquier transformación Lean. Una vez leídos los dos anteriores ya estarás en condiciones de comenzar con el aprendizaje de las herramientas básicas y esta es la mejor para empezar ya que suele ser la primera en usar y la que guía todo el proceso.

4. Creating Continuous Flow. Rother M., Harris M. (2001)

Después de mapear la cadena de valor, se empieza a crear flujo. Este libro es el mejor manual disponible para aprender los secretos a la hora de elaborar una célula de producción en flujo continuo de una sola pieza.

5. Creating Level Pull. Smalley, A (2004)

Ahora toca aprender a crear pull allá donde no se pudo crear flujo. Nuevamente un workbook del LEI nos trae la mejor opción disponible. Art Smalley trabajó en Toyota Japón durante muchos años y es un gran conocedor de sus procedimientos. En este libro se recoje su conocimiento y experiencia a la hora de crear un sistema pull.

6. Making Materials Flow. Harris R, Harris C, Wilson E. (2003)

El último aspecto de la etapa básica es diseñar la ruta auxiliar de abastecimiento de materiales y este libro es mejor recurso para empezar. Finalizado este libro, podemos dar un salto de nivel y abandonar el nivel básico y pasar al siguiente.

7. Workplace Management. Ohno T. (2006)

Probablemente te estés preguntando qué hace en la posición 7ª el libro de Ohno. En mi opinión es el lugar más temprano en el que debe estar. Aunque es la obra cumbre el materia de Lean, su comprensión no está al alcance del principiante. En este libro Ohno recoge sus pensamientos sobre TPS desde su jubilación. De brillante estilo japonés y muy agradable de leer. Pero ojo, tras cada frase encontrarás que hay mucho pensamientos que al haber leído antes los libros anteriores, ya podrás identificar. Esta es la razón principal del por qué está en esta posición: para poder ser entendido.

8. How to implement Lean Manufacturing. Wilson L. (2009)

Bien, esta no es una obra cumbre, pero necesitas algo práctico 100%, y este libro propone un método muy útil para implantar Lean. Es cierto que en algunos puntos no estarás de acuerdo, pero será de gran utilidad para encontrar tu camino. Lonnie Wilson tiene una amplia experiencia implantando Lean y en este libro recoge varios casos con detalle de números, lo cual ayuda enormemente.

9. The Toyota Way Fieldbook. Liker J. (2005)

Complementando al anterior, este es otro libro práctico sobre Lean. Aunque no contiene el nivel de detalle en números del anterior, es sin duda la principal referencia a la hora de la implantación práctica de Lean.

10. Toyota Kata. Rother M. (2009)

Otra obra cumbre que te aportará un nuevo punto de vista de la filosofía Lean. Mike Rother descubrió el concepto de Kata en la enseñanza del sistema de Toyota (Liker habla del ciclo Su-Ha-Ri, que podría venir a ser lo mismo). Sin duda un libro que te hará incrementar de nivel notablemente.

Por supuesto hay muchos más libros de obligada lectura, pero creo que con estos tienes muy bien cubierto el conocimiento básico necesario. Si quieres una bibliografía más completa, pídemela por email (ver sección "Feedback") y te enviaré sin compromiso un pdf elaborado por mí con una selección de libros recomendados. Para ayudarte a superar la posible vergüenza típica al tener que escribir a un desconocido, puedes copiar el siguiente mensaje y pegarlo en el correo y enviármelo. Espero que te resulte de utilidad.

Buenos días José Miguel:

Me gustaría recibir la bibliografía ampliada sobre Lean que mencionas en tu libro.

Recibe un cordial saludo.

Sobre el Autor

José Miguel Vives (Sevilla, 1975) es Ingeniero Organización Industrial y Master en Organización Industrial y Gestión de Empresas. Es uno de los principales expertos españoles en Lean. Ha trabajado y aprendido directamente de Toyota. Actualmente desarrolla su tesis doctoral sobre Lean y Liderazgo. Con 15 años de experiencia profesional, es fundador de LeanSystems, una consultora especializada en la aplicación y formación en la metodología Lean. Desde ella desarrolla su actividad profesional como consultor desde 2010.

Es uno de los mejores conocedores de los secretos del Sistema de Producción de Toyota y de su aplicación práctica.

Fundador del grupo LeanSpain y miembro del Lean Enterprise Institute. Autor del blog Altacuncta (http://altacuncta.wordpress.com) dedicado a la difusión del pensamiento Lean.